本书获桂林理工大学出版基金资助

近红外光谱
定量分析方法及其
农业信息化应用

Near-Infrared Spectroscopy Quantitative Analysis Methods and
Their Application in Agricultural Informatization

陈华舟　著

暨南大学出版社
JINAN UNIVERSITY PRESS

中国·广州

图书在版编目（CIP）数据

近红外光谱定量分析方法及其农业信息化应用/陈华舟著. —广州：暨南大学出版社，2022.10
ISBN 978 – 7 – 5668 – 3484 – 3

Ⅰ.①近⋯　Ⅱ.①陈⋯　Ⅲ.①红外分光光度法—定量分析—应用—农业—信息化—研究　Ⅳ.①O657.33②S126

中国版本图书馆 CIP 数据核字（2022）第 155154 号

近红外光谱定量分析方法及其农业信息化应用
JINHONGWAI GUANGPU DINGLIANG FENXI FANGFA JI QI NONGYE XINXIHUA YINGYONG
著　者：陈华舟

出 版 人：张晋升
责任编辑：梁月秋
责任校对：刘舜怡　王燕丽
责任印制：周一丹　郑玉婷

出版发行：暨南大学出版社（511443）
电　　话：总编室（8620）37332601
　　　　　营销部（8620）37332680　37332681　37332682　37332683
传　　真：（8620）37332660（办公室）　37332684（营销部）
网　　址：http://www.jnupress.com
排　　版：广州尚文数码科技有限公司
印　　刷：佛山市浩文彩色印刷有限公司
开　　本：787mm×1092mm　1/16
印　　张：8
字　　数：196 千
版　　次：2022 年 10 月第 1 版
印　　次：2022 年 10 月第 1 次
定　　价：38.00 元

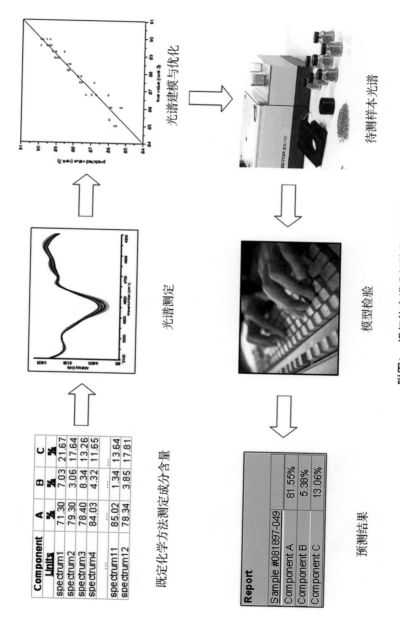

Component	A	B	C
Units	%	%	%
spectrum1	71.30	7.03	21.67
spectrum2	79.30	3.06	17.64
spectrum3	78.40	8.34	13.26
spectrum4	84.03	4.32	11.65
....			
spectrum11	85.02	1.34	13.64
spectrum12	78.34	3.85	17.81

既定化学方法测定成分含量

光谱测定

光谱建模与优化

待测样本光谱

模型检验

Report	
Sample #081897-049	
Component A	81.55%
Component B	5.38%
Component C	13.06%

预测结果

附图1　近红外光谱分析的常规流程

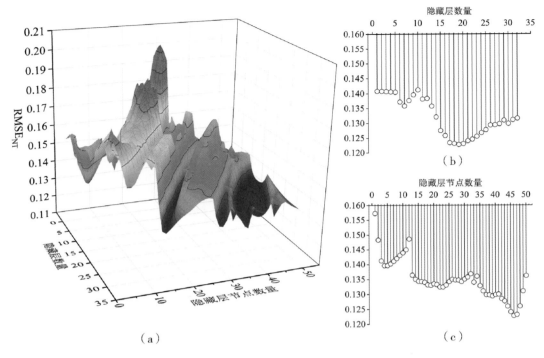

附图2　基于216个特征波数的 BPN – DL 框架对土壤有机碳的模型预测

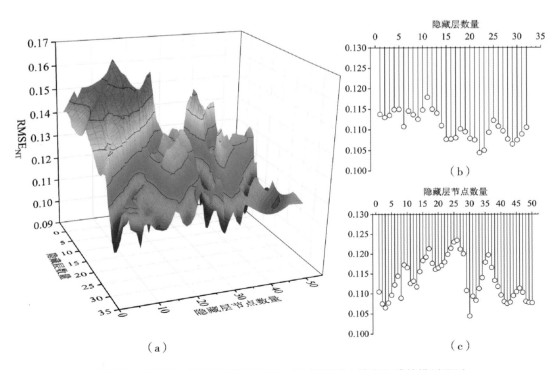

附图3　基于91个特征波数的 BPN – DL 框架对土壤有机碳的模型预测

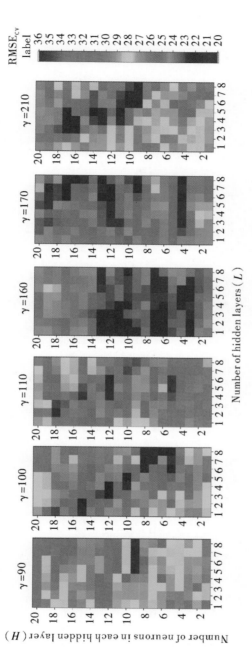

附图4 不同（*L*, *H*）参数取值的最佳训练结果

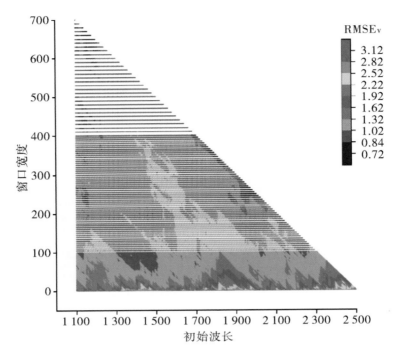

附图 5　CSMWPLS 子区间模型的预测结果

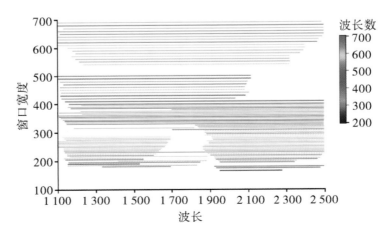

附图 6　联合区间所包含的波长

前　言

　　农业生态现代化建设是经济社会发展努力实现的主要目标之一。生产生活方式的绿色转型、能源资源的合理配置、高效率的资源利用、污染物排放总量的减少，这些都有利于提高农业生产技术水平，改善生态环境和城乡人群居住环境。《国务院关于加快建立健全绿色低碳循环发展经济体系的指导意见》给出了关于健全绿色低碳循环发展的生产体系的意见，包括加快农业绿色技术的发展、规范快速检测方法应用、建立多层次多目标的信息高通量表征技术与快速筛选评价新方法。

　　近红外光谱定量分析是利用物质的光谱响应信号对物质成分进行测定的一种快速检测技术。它的优势在于光谱测量时间短，可以省略很多繁杂的化学前处理工序，还可以多成分同时测定，非常符合农业现代化科技发展的需求。但由于光谱响应信号弱、信息重叠，近红外光谱定量分析技术是否能够充分展现其优势，主要依赖于配套计量学方法的发展。计量分析方法在光谱分析的代表性样本选择、数据降噪处理、特征信号的提取、模型的进化和优化、模型稳定性判别、泛化能力评估等各个重要环节中起到了决定性作用。实践证明，近红外光谱定量分析技术及其相关计量学建模方法已经成为农业现代化领域的关键技术之一。随着 2021 年中央一号文件《中共中央　国务院关于全面推进乡村振兴加快农业农村现代化的意见》的发布和推进实施，近红外光谱分析模型和快速检测方法在构建现代乡村农业体系、推进农业绿色发展、规范快速检测行为等方面发挥着更为重要的作用。

　　当前，我国正处于数据科学和人工智能迅猛发展时期，近红外光谱分析领域迎来了计量学智能信息化发展的契机。智能化技术因素的有效融合，有利于推动近红外光谱定量分析在农业现代化信息化进程中更加迅猛地发展，成为全面推进乡村振兴、加快农业农村现代化的核心关键技术。然而，对于农业生产样本这样的多成分复杂对象，近红外光谱响应数据也非常复杂，在计量方法研究过程中涉及方方面面的具有挑战性的建模优化问题。鉴于此，本书在前人研究的基础上，从计量方法智能信息化研究的角度，提出了一些新型定量分析方法，给出了部分经典的计量学算法的优化改进策略，针对农业生产所涉及的部分复杂体系对象，构建了近红外光谱智能分析技术框架，以农业水土资源样本和部分农作物样本的营养成分和污染成分的检测为案例，检验了各种算法、方案、技术框架的应用有效性。具体内容主要包括以下四点：

（1）介绍近红外光谱分析技术的发展历程，以及该技术在农业快速检测应用的特点和发展状态。

（2）研究了在样本集划分、数据预处理、特征变量选择、定量建模分析、模型评价等各个主要环节中所涉及的若干计量分析方法和模式，其中包括现有常用方法的介绍、改进优化方案的设计、新型方法的构建和提出，分层次给出了各种方法的技术特点和应用模式。

（3）研究了近红外光谱定量分析方法在农业水土资源的信息检测中的应用模式。针对土壤样本，讨论了多种预处理方法的联合优化策略，验证了样本集划分新方法的应用有效性，提出了特征变量选择的新方法；针对农业污染水源样本，研究了基于核函数变换的非线性机器学习模型的训练机制，构建了模拟人工神经网络的核变换优化模式，另外提出了基于卷积网络浅层深度学习的一维光谱数据特征提取方案。

（4）研究了近红外光谱智能分析方法分别在柚子、草莓、玉米、鱼粉等农产品的营养成分检测中的应用模式。利用人工智能领域中流行的自然语言模糊优化策略，对非线性核变换技术进行模糊优化；利用网络核嵌入模式来提升线性定量算法的非线性应用能力，讨论几种进化算法在光谱特征变量选择中的应用效应，并结合自适应模型的超参数寻优模式完成对光谱定量分析各个环节的优化。

本书系一部专注于农业分析对象的近红外光谱定量分析方法应用研究的专著，从科学研究和适用性角度，助力近红外光谱定量分析技术在"大数据＋""人工智能＋"时代的持续发展，为光谱建模优化分析方法在农业信息化进程中的落实和推广提供了丰富的研究经验和实用价值。本书内容系由作者经过多年的研究积累，对多年的研究成果进行总结、剖析、归纳而成，相关研究曾获得国家自然科学基金和广西自然科学基金的资助。本书的出版获得桂林理工大学出版基金资助。

由于作者知识和水平有限，书中难免有错误和不足之处，恳请读者批评指正。

陈华舟

2022 年 1 月 21 日

目 录
CONTENTS

绪　论

一、近红外光谱分析技术简介

近红外光（Near – Infrared，NIR）是指电磁波谱中波长较可见区光更长、位于紧挨着可见红光的区域的非可见电磁波，是人类最早发现的非可见光区域之一。按照 ASTM 的定义，其波长范围为 780 ~ 2 526 nm（Stark et al.，1986），对应波数范围为 12 820 ~ 3 959 cm^{-1}。近红外光谱分析技术是指利用近红外光谱所响应的物质成分含量信息，对物质进行定量或定性分析的一种分析技术。近红外光谱分析具备了物质信息容易获取、信息含量大等优点，能够在短时间内快速有效地完成。但近红外谱区的信号重叠、吸收强度较低，在信息分析和提取过程中需要结合有效的化学计量学。这使得近红外光谱分析成为极具特色的一种分析技术。

二、近红外光谱分析技术的发展历程

自从 1800 年天文学家 William Herschel 发现了近红外谱区，近红外光谱分析技术的发展就已经开始，至今已经有 200 多年的历史。19 世纪中前期，近红外光谱分析已经得到了相当的发展，但其理论和技术水平尚未能将谱区的信号特征充分提取出来，而传统的分析模式并不能直接用于近红外光谱分析，导致近红外光谱的相关应用得不到有利的发展，以至于在 19 世纪中后期，近红外光谱分析的发展非常缓慢（Wheeler，1960）。

直到 20 世纪 50 年代出现了简易型近红外光谱仪器，Norris 等开始研究近红外光谱透射和反射技术的场景应用测试。他们从农业领域开始，用近红外光谱来测定和分析多种农副产品的品质，如谷物、饲料、水果、蔬菜、肉类、蛋类等，主要关注水分、蛋白质、脂肪等目标成分含量（Birth & Norris，1958），推动了近红外光谱应用的重要阶段性进展。Norris 团队特别注意到水分对近红外光的强吸收能力，于是便用近红外光谱分析农副产品中的水分含量。为了排除其他主要成分的干扰，他们引用了一般光谱分析中的多组分测定技术，实现了对多个目标成分进行同时测定，从而利用统计学方法计算出目标样本中水分、蛋白质、脂肪等主要成分的含量，并提出可以利用统计检验方法来决定某个计算结果的取舍（Norris & Hart，1963）。由于当时的仪器噪声较大，而且当样本的背景、颗粒度、载体等因素发生变化时，其测量和计算结果往往会产生较大的误差，因此，近红外谱区研究相关的工作没有得到分析领域的重视。

近红外光谱仪器的早期发展也是在竞争中完成的。20 世纪 70 年代，第一台近红外专用的光谱仪器（Analyzer 2.5）诞生，该仪器中嵌入了防尘部件和温控部件，提高了仪器自身的稳定性。到了 20 世纪 80 年代中期，一些新型的近红外分光器件逐渐面世，如光栅扫描、傅里叶变换等器件，可以进行大范围的光谱扫描，再附加指定频率的滤光片，即可确定使用波长的位置。随后，专注于近红外光谱仪器生产的厂商逐渐增加，所设计生产出来的分光系统、检测系统、数据传输系统等都存在差异。因此，如果直接利用仪器检测数据进行简单的统计运算，近红外分析结果的精准性和稳定性得不到保障。

随着仪器分析领域特别是应用光谱技术方向的有关专家开始关注近红外光谱的发展，1988 年，国际近红外光谱协会（CNIRS）成立，该协会吸引了越来越多的科技工作者投身到近红外光谱分析领域中。随后，专注研究近红外光特性的人员和光谱界的专家以及分析界的应用领域人员通力合作，研究了化学计量学（chemometrics）方法在近红外光谱分析中的有效性。针对多成分光谱信号的覆盖和重叠问题，需要用到数学建模的方法来解决。20 世纪 90 年代迎来近红外光谱分析的热潮，随之而来的是越来越多的科研成果。早期开创的 *Applied Spectroscopy* 和 *Analytical Chemistry* 杂志陆续刊登了多篇近红外相关的论文和一系列的评论，包括有机物的近红外光响应特性、近红外定性定量分析理论、近红外反射光谱分析进展（Stark et al.，1986；Martin，1992），近红外光谱分析专业领域的两份期刊 *Journal of Near Infrared Spectroscopy* 和 *NIR News* 也是在 20 世纪 90 年代创刊，至今持续报道了近 30 年的关于近红外光谱分析的前沿研究动态。在 2000 年的 PITTCON 分析化学暨应用光谱学会议中，近红外光谱分析技术被认为是最受重视的一类技术方法，在会议上发表的近红外光谱论文涉及食品、农业、环境、化学、生物医学等十几个领域的应用研究（金钦汉，2000）。

我国对近红外光谱分析技术的研究和应用起步较晚，1977 年，我国的粮食农业系统才引入近红外光谱分析仪器，80 年代初期就有很多农业工作者关注近红外光谱分析技术（严国光、严衍禄，1982），但由于当时的化学计量学方法还没有正式融入近红外光谱分析过程中，建立分析模型比较困难，直到 80 年代中后期，我国的第一批关于近红外光谱分析的研究论文才发表（吴秀琴，1985；王文真等，1989）。随后，大型通用近红外光谱分析仪器在农业、食品、环境等各个领域的投入使用，使得我国的近红外事业得到了更多的关注。从 1995 年到 21 世纪初，在仪器研发、软件开发、机理研究、方法研究、探索应用等方面取得了很多实践积累，尤其在农副产品、饲料、石油化工等领域的应用已经获得很好的成果（赵龙莲等，1998；袁洪福等，1999；刘国林等，2000；李军会等，2000；肖松山等，2003）。中国石化出版社于 2000 年正式出版了第一本全面介绍现代近红外光谱分析技术的专著《现代近红外光谱分析技术》，主编是陆婉珍院士；第二本近红外专著《近红外光谱分析基础与应用》是由严衍禄教授主编，于 2005 年由中国轻工业出版社出版；此外，在《分析化学》《光谱学与光谱分析》《分析测试学报》等各类中文期刊中能够找到许多相关技术的报道。

2006 年我国举办了第一届全国近红外光谱会议，至 2020 年已经举办了八届。十多年来，国内高校、研究所和企业中有越来越多的科研工作者愿意投入到近红外光谱分析技术的研制中，促进我国近红外事业发展，研究队伍越来越壮大。近些年，随着数据智能化和计量学方法的研究和发展，近红外光谱分析技术的理论基础已经逐渐完善，相关技术开发即将转向大数据在线分析，研究利用机器学习、智能化自适应参数调节等方法，将近红外光谱分析模型融合适配到迁移学习、联邦分析、物联网等技术应用模式中，其中包括反馈式神经网络模型的误差调试方案、种群变异进化算法、建模参数最速优化方法探索等（洪明坚等，2009；王儒敬等，2017；张进等，2020），并设计了建模计算软件，可嵌入研发型便携式仪器中；相应地，仪器研发也愈发热衷于小型便携式仪器或专用零部件的设计，以配合分布式布点监测的需求，进一步形成了一些技术专利和行业标准（胡昌勤等，2006；段焰青等，2010；吴明赟等，2014；全国仪器分析测试标准化技术委员会，2019）。基于此，近红外智能分析技术的发展对于计量学方法的研究提出了更高的要求，以更好地为科技产业化服务。国际近红外光谱会议至今已经举办了20届，最近一届在2021年由中国承办，会议以"感受真实变化"（Sense the Real Change）为主题，全面探讨了近红外技术在现代信息智能化时代的发展趋势和产业化应用前景。

三、近红外光谱技术在农业应用中的发展趋势

国家对农业绿色、快速检测的发展越来越重视，尤其是2021年中央一号文件《中共中央　国务院关于全面推进乡村振兴加快农业农村现代化的意见》，特别提到了需要利用农业科技构建现代乡村农业体系、推进农业绿色发展，其中很重要的一个方面就是先进的分析检测技术在农业科研工作中的应用及推广。由此可见，快速无损检测技术的研究是符合"十四五"规划国家重要战略要求的刚性需求。在此背景下，近红外光谱分析技术在农业快速检测的应用研究逐渐成为潮流，建立多指标高通量信息的智能检测与快速特征筛选是农产品质量评价的新方法（国发〔2021〕4号文）。

国外学者对土壤物质含量与土壤多光谱辐射特征做过研究。早在20世纪70年代，美国农业部仪器研究室的Norris等便利用近红外漫反射技术测定谷物的水分、蛋白质、脂肪等含量，使近红外光谱技术在农副产品分析中得到广泛应用。Hunt和Salisbury研究指出，土壤中一些矿物质在近红外区具有清晰的光谱纹迹。Bowers和Hanks等分别发现土壤有机质在光谱近红外区域具有与有机化合物几种官能团相关的特征纹迹。Bendor等利用那些在近红外区具有光谱活动特征峰的土壤性质间的间接关系，预测了一组矿物中的Fe、Al、Mg和Si总量（Bendor & Banin，1994）。

美国谷物化学协会于1982年10月批准用NIR技术测定小麦的蛋白质，国际谷物科学技术协会的202号推荐规定了用NIR测定小麦及面粉的蛋白质和水分的详细程序。Williams等用NIR测定小麦和大麦的氨基酸含量，结果表明小麦氨基酸含量近红外预测值与化学实测值的标准差小于2.07%；大麦14种氨基酸中除蛋氨酸外，近红外预测值与化学实测值之间的相关系数为0.93~0.99（Williams & Preston，1984）。Norris使用多元逐步回归方法对饲料中的粗蛋白质、酸性洗涤纤维、中性洗涤纤维、体外干物质消化率进行了NIRS分析，并获得较好的效果（Norris，1983）。Reeves等用NIR估测苜蓿、玉米以及两种混合青贮饲料的营养成分指标，包括干物质、粗蛋白质、酸性洗涤纤维、中性洗涤纤维、pH、氨基酸、体外干物质消化率、乙酸、丙酸、异丁酸、丁酸、异戊酸、戊酸、乳酸含量，结果表明湿苜蓿青贮的主要成分NIR测定值与化学实测值之间的相关

系数为 0.78~0.99，湿玉米青贮的这一相关系数为 0.75~0.96（Reeves & Blosser，1989）。

在我国，严衍禄等于 20 世纪 80 年代末开始研究应用傅里叶变换近红外漫反射光谱测定小麦面粉的 SDS 沉淀值和单粒小麦的蛋白质含量。20 世纪 90 年代，彭玉魁等用 NIR 光谱法对 124 个小麦品种的营养成分含量进行了比较测定，结果表明用该法测得小麦样品的水分、粗蛋白质、粗纤维、赖氨酸含量与常规分析实测值之间的相关系数分别为 0.9714、0.9826、0.9548 和 0.9847，四项指标的近红外测定值均达到了与常规分析实测值相近的水平（彭玉魁等，1997）。针对 52 份土壤样本的定标结果，水分、有机质和总氮的标准误差分别为 1.108、0.123、0.1042；74 份样本的检验结果均达到了与实验室化学值相近的水平，证实了近红外技术在土壤快速检测及土壤施肥建议方面具有良好的应用前景（彭玉魁等，1998）。于飞健等应用近红外技术测定土壤中的全氮、有机质和碱解氮，发现近红外光谱与这三项指标具有良好的相关性，并有可能应用于土壤的田间快速分析和遥感图像的地面抽样定标（于飞健等，2002）。张晔晖等用近红外漫反射光谱法非破坏性测定完整油菜籽中油分、蛋白质的含量，该方法对蛋白质和硫苷含量测定效果较好，相对误差分别为 2.1% 和 16.2%（张晔晖等，1998）。金同铭用近红外光谱法非破坏性检测了西红柿中蔗糖、葡萄糖、果糖、柠檬酸、苹果酸、琥珀酸、抗坏血酸等营养成分，验证了近红外光谱法有相似的准确性和精度（金同铭，1997a、1997b）。

随着经济和科技的发展，人们对农产品品质日益关注，近红外光谱分析技术在农业领域的应用前景将是十分诱人的。经过几十年的研究，近红外光谱分析技术发展迅速，几乎可以用于所有与含氢基团有关的样品化学性质与物理性质分析。该技术具有高效、快速、简便、无损伤、无污染、低成本及可同时测定多种组分等优点。随着计算机数据处理技术和化学计量学理论与方法的不断发展，近红外光谱技术的稳定性、实用性和准确性将不断提高。

目前近红外光谱技术在农业上的应用还存在诸多困难，除仪器性能和价格方面的因素外，最主要的困难是定标建模工作。建立一个优良的定标模型，一是要拥有丰富的样品资源，可从中选取有代表性的建模样品，使建模样品集的组分含量呈较为均匀的梯度分布，且组分含量的变异范围和样品类型尽可能涵盖将来待测样品的变异范围和各种类型；二是要有较好的化学分析知识和实验室条件，能按标准方法进行准确的化学分析；三是在已有较好的建模样品和准确的化学分析数据基础上建立和优化模型，还需要较好的专业知识、丰富的建模经验以及足够的时间。由此可知，定标建模工作复杂而烦琐，技术要求高，工作量大，花费大。

中国是一个农业大国，对于农业和农产品加工业（如食品、饮料、饲料、烟草等）的发展，人们越来越关注产品的质量，而品质育种长期以来在发达国家也受到高度重视。近红外分析技术是 21 世纪的一项重要检测技术，将在农业领域得到大力发展和应用。

第一章

近红外光谱的基本原理和农业应用特点

第一节 近红外光谱的基本原理

一、近红外光的信号特征

近红外光谱的产生是由一束红外光照射到样本，样本的分子对辐射光进行吸收、反射、透色和散射，其中吸收掉的光能量使得分子本身的振动能态发生改变。这些分子能态的改变对应获得响应的光谱数据。根据玻尔兹曼分布，室温下大多数分子的能态均处于基态（$n=0$），在谐振动的模式下，分子振动所产生的能级跃迁所对应的量子数变化最多只能是 1 个量子单位，而在红外谱区的能级跃迁中大多数都是基频跃迁，即从 $n=0 \rightarrow n=1$；而在非谐振动的情况下，倍频振动（能级跃迁大于 1 个量子单位）和组合频振动（多个基频跃迁的组合）有可能发生，其光吸收强度比基频吸收弱很多（陆婉珍，2007）。近红外作为热辐射很强的红外区域，它除了存在基频跃迁以外，还包含其他的能级跃迁，如激发态的能级跃迁（$n=1 \rightarrow n=2$ 或 $n=2 \rightarrow n=3$）和倍频、组合频的能级跃迁。环境温度的改变会导致激发态的分子数量增加或减少，进而导致光谱吸收强度的变化，因此近红外区域也成为热敏感谱区，其信号特点决定了近红外光辐射的物理特征。

近红外光的信号特征决定了近红外光谱仪器所需要的光源、探测器和相关光学材料。根据黑体辐射定律，在一定色温下近红外谱区的辐射效率很高，因此，近红外谱区的光源比中红外谱区的光源更容易获取，一般可采用卤素灯。近红外区域的光能量比可见区的光能量要低一些，因此在选择探测器的时候不能用光电管或倍增管，而应该选用半导体材料，早期的近红外仪器通常使用 Si 或 PbS 作为探测器材料，现代仪器更多的是使用 InSb、InAs 或 InGaAs 等材料。其他光学材料如石英、火石玻璃、CaF、AgCl、KBr 等具有良好的光学性能，而且价格便宜，常被用来作为仪器光路设计的材料。

二、朗伯—比尔定律

吸收光谱的定量分析是根据样本在某一光辐射区域的光子吸收数量与样本粒子数量之间的关系来完成对样本内在成分或性质进行量化计算的过程。吸收光谱定量计算的理论基础是朗伯—比尔定律（Lambert – Beer Law），也称为物质对光的吸收定律。朗伯—比尔定律表示为：

$$A = -\log \frac{I_{出}}{I_{入}} = kC \tag{1-1}$$

式中，$I_{入}$ 为单色光平行均匀入射的光能量强度，$I_{出}$ 为光经过固体（或液体）后反射（或透射）出来的光能量强度，A 为吸光度值，C 为待测成分的含量浓度；k 为朗伯—比尔系数，可以分解为 $k = \mu L$，其中 μ 为待测成分对应的摩尔吸光系数，L 为光程长度。

由朗伯—比尔定律可知，单一成分的纯物质对象，它的单波长光谱响应 A 与待测成分含量浓度 C 是一种线性关系，即物质的吸光度 A 与待测成分含量浓度 C 成正比例关系，比例值与光程长度 L 有关，与待测成分对应的摩尔吸光系数 μ 有关。对于固有的光谱仪器分光系统和监测系统，其光路设计是固定的，此时光程长度 L 为常数；若用物质的量浓度单位时，吸光系数 μ 仅与样本固有特性和波长 λ 有关，波长 λ 是在光谱测量之前预先设定的。因此，单波长的吸光度的信息量比较单一，且针对性强，可以直接利用朗伯—比尔定律的正比例关系对待测成分进行定量分析。由多个波长点的吸光度组成的光谱信息量大，可以利用多元统计算法理论进行定量或定性分析。

理论上，朗伯—比尔定律仅适用于单色光的响应数据，但在实际工作中却没有办法获取绝对的单色光，光谱仪器往往设定的是一定的波长测量范围，因此从卤素灯光源发射出来的光信号是覆盖了一定频率波段的复合光信号，即使复合光在光路中会经过分光系统进行波长分离，但分光系统的狭缝宽度也没有办法形成绝对的单色光输出，由此会造成非绝对单色光相对于朗伯—比尔定律的数据偏离，需要对偏离量进行修正。假设分光系统输出的"单色光"仍然存在很窄的一个波长带宽 $\Delta\lambda$，仅包含 2 个波长点，即 $\Delta\lambda = \{\lambda_1, \lambda_2\}$；设 λ_1 和 λ_2 所对应的吸光度值分别为 A_1 和 A_2，则：

$$\begin{cases} A_1 = -\log \dfrac{I_{1出}}{I_{1入}} = k_1 C \\ A_2 = -\log \dfrac{I_{2出}}{I_{2入}} = k_2 C \end{cases} \Rightarrow \begin{cases} I_{1出} = I_{1入} \times 10^{-k_1 C} \\ I_{2出} = I_{2入} \times 10^{-k_2 C} \end{cases} \tag{1-2}$$

而实际测定情况为：

$$A = -\log\left(\frac{I_{1出} + I_{2出}}{I_{1入} + I_{2入}}\right) = -\log\left(\frac{I_{1入} \times 10^{-k_1 C} + I_{2入} \times 10^{-k_2 C}}{I_{1入} + I_{2入}}\right) \tag{1-3}$$

如果假定在 $k_1 = k_2 = k$ 的情况下，则可以简化为：

$$A = -\log(10^{-kC}) = kC$$

此时的 A 和 C 仍为正比例关系。但在其他条件一定的情况下，不同的波长点对应着不同的摩尔吸光系数 μ，此处的 k_1 和 k_2 不能完全相等，因此，对于非绝对单色光的情况，A 和 C 不能形成严格的正比例关系，偏离了朗伯—比尔定律。

此外，样本和待测成分的复杂性、仪器的稳定性对光吸收形成了三种可能的数据干扰：①化学作用的影响，在对样本进行成分测定的化学操作过程中，经常会因为电离、溶解、蒸馏、离解等原因而形成同性异构体、络合物，这使得粒子的相互作用和平均距离均发生偏差，进而影响粒子间的电荷分布，使得它的光能量吸收能力发生变化，导致测定结果偏离朗伯—比尔定律；②散射光的影响，吸光物质是多粒子组合体，光入射到物质中，粒子对光进行吸收、反射、透射和散射，其中比较有规律的反射和透射光可以用探测器进行接收，进而可以换算光强能量的下降量并推算吸收光强，但无规律的散射光无法回收，导致吸收光强的换算精准度下降，引起测定结果偏离朗伯—比尔定律；③环境因素的影响，由于近红外是热敏感区域，光谱测定时的环境温度、湿度、气压的变化，以及光学器件（探测器、传感器）持续工作的稳定性，均可能引起数据结果偏离朗伯—比尔定律。

三、近红外测定技术

近红外光谱技术主要分为反射测定技术和透射测定技术。当一束光照射到待测固态物质时，一部分光和物质接触会发生反射效应，反射分为镜面反射和漫反射。镜面反射在物质表面完成，未进入物质内部，因此镜面反射的光束并没有承载物质内部的成分含量信息，不能用于物质成分分析；而光进入物质的内部，与物质的局部颗粒所发生的反射、折射、衍射效应，从物质表面看起来所形成错乱无序的反射效果即为漫反射。漫反射光在物质内部经过物质本身对光的吸收，以及未被吸收的部分经过多次的折射、反射和衍射，最终返回物质表面。因此漫反射光是和物质内部分子发生了相互作用的光，它承载了物质的结构和成分信息，可以用于物质分析。

针对液态物质，入射光照射到待测物质的同时，会有另一部分光能够穿透物质，经过物质内部成分对光能量的吸收，利用探测器对其透过物质射出的部分光进行采集，检测到的光即为透射光。透射光的光子和物质分子进行相互作用后形成了光能的损失，因此它承载了物质的结构和成分信息。如果待测物质是纯透明的溶液，则分子光在物质中经过的路程是固定的，透射光的能量强度与物质成分浓度符合朗伯—比尔定律，可以直接计算其对应的透射光谱数值。如果待测物质是混浊液体，物质中具有对光子产生散射的微固体颗粒，这时光子在物质中经过的路程不确定，透射光的能量强度与物质的成分浓度之间并不严格符合朗伯—比尔定律，此类透射称为漫透射技术。

四、近红外漫反射机理

光的漫反射效应在近红外光谱区域内比中红外光谱区域更显著，在农业载体和农产品质量监测中得到更广泛的应用。漫反射光谱分析不需要对样本进行化学处理，可以直接应用于对各种粉末状、纤维状的物体进行成分测定。漫反射光的强度是入射光经过物质吸收、透射和散射损失之后剩余的光能量强度，所以漫反射光的强度与样本成分含量不符合朗伯—比尔定律，需要研究样本浓度呈线性关系的漫反射光谱参数，才能利用漫反射光谱完成对物质成分的定量分析（严衍禄，2005）。

在漫反射的过程中，可以定义漫反射率为：

$$R = 1 + K/S - \sqrt{(K/S)^2 + 2(K/S)} \tag{1-4}$$

式中，K 为漫反射体（样本）的吸收系数，主要取决于其化学成分的含量组分比例；S 为散射系数，主要取决于漫反射体的物理特性。在此基础上可以定义漫反射光谱的吸光度为：

$$A = \log\left(\frac{1}{R}\right) = -\log\left(1 + K/S - \sqrt{(K/S)^2 + 2(K/S)}\,\right) \qquad (1-5)$$

若将 K/S 看作一个整体，则 A 与 K/S 的图像是经过坐标原点的一条曲线，如图 $1-1$ 所示。在 K/S 的一定取值范围内，A 与 K/S 的曲线可以利用一条直线来近似，于是可以假设拟合直线方程为：

$$A = a + b(K/S) \qquad (1-6)$$

在样本某成分浓度不高的情况下，吸光系数 K 和该成分的浓度 C 成正比，即 $K = \mu C$，这里的 μ 为该成分所对应的摩尔吸光系数。而 S 通常为常量，于是式（$1-6$）可以改写为：

$$A = a + bC \qquad (1-7)$$

即漫反射的光谱吸光度 A 与样本某成分的浓度 C 在散射系数 S 保持为常数时呈线性关系。当样本成分浓度较高时，可以在较宽的浓度范围内保持 A 和 C 之间的线性关系。

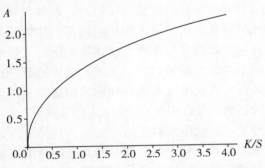

图 $1-1$　漫反射吸光度 A 与 K/S 的关系曲线

第二节　农业近红外光谱检测的技术特点和应用特性

一、农业对象的主要官能团

　　农业检测对象除了水稻、玉米、柚子、草莓等农产品，还包括和农业种植相关的土壤、水资源等生产载体，这类对象的分子振动形态主要由基频、倍频和组合频构成，其对应的化学键是含有氢原子的化学键，处于高能级所发生的振动具有较大的强度，因此主导近红外区域光谱响应的主要是 X—H 官能团（X 代表通常与 H 原子组合的其他原子，如 C、N、O 等）的能量吸收。近红外作为分子光谱中典型的检测非谐性响应属性的工具，需要解析 C—H 化学键、N—H 和 O—H 等官能团基键的近红外响应谱区。

　　C—H 化学键是众多有机物中最重要的基础官能团基键，在不同的有机物结构中 C—H 键的近红外响应区域是有区别的。例如，对于脂肪烃结构，它的组合频主要出现在 2 000～2 400 nm 和 1 300～1 400 nm，一倍频出现在 1 600～1 800 nm，二倍频出现在 1 100～1 200 nm；对于烯烃结构，它的组合频响应出现在 1 180 nm、1 620 nm 和 2 100 nm 等波长附近，一倍频和二倍频分别出现在 1 685 nm 和 1 140 nm 附近。Kelly 等归纳总结了各种官能团在近红外区域的振动频率（见表 $1-1$），经过多年的验证，这些吸

收频率已经基本得到确认。(Kelly & Callis，1990)

近红外区域中最明显的 O—H 键响应是水分子的能量吸收，其组合频主要是在 1 950 nm 附近，一倍频响应主要出现在 1 440 nm 附近。这两个明显的特征峰有利于对农产品的水分检测。除了水分子，醇类和酚类物质也有明显的 O—H 键响应，其一倍频主要出现在 1 410 nm 和 1 000 nm 附近，组合频通常出现在 2 000 nm 附近。然而，O—H 键是一个非对称结构，它的倍频吸收响应容易随环境条件的变化而变化。

此外，N—H 键也是农业生产检测中非常常见的一个化学键，它的组合频出现在 2 000 nm 附近，一倍频出现在 1 500 nm 附近，二倍频出现在 1 020 nm 附近，特别的是，芳烃胺的 N—H 键的组合频出现在 1 972 nm 附近。

表 1 - 1　化学键 C—H 的近红外光谱区域的组合频、一倍频、二倍频吸收响应区域

	甲基 C—H	亚甲基 C—H	烯烃 C—H	芳香烃 C—H
组合频	1 015，1 369，1 435，2 250～2 360	1 053，1 395，1 415，2 290～2 450	1 040，1 340，2 120～2 140	1 420～1 450，2 150，2 460
一倍频	1 695，1 705	1 725，1 765	1 620～1 640	1 680
二倍频	1 150，1 190	1 210	1 080～1 140	1 145

二、农业信息快速检测与分析模式

现代农业技术领域的一个重要方向是精准农业，是对农业所涉及的对象、过程进行精确控制，提升农业的生产效能。在线无损检测土壤养分和农作物的营养成分，以实时、快速、准确获取相关数据信息。随着现代生物信息技术的发展，为了精准种植农作物，需要更好地检测农作物生长载体（如水土资源）的营养构成及污染成分。在农业生产过程中，有机物的预测不仅可以帮助人们了解土壤施肥的时期，还可以通过更准确地选择农作物收获的终止时间来最大限度地提高产量，也可以比较不同地区的水土状况来选择最佳施肥时间。开发一种快速、可靠和无试剂的分析方法来预测有机营养成分的含量，以确保土壤中的营养，用于农作物精准种植，对精准农业具有重要的指导意义。

光谱分析技术以其简便快速、非破坏性、实时在线等特点在农业信息检测方面逐渐显现其优势。样品集的划分作为光谱分析技术中的一个重要环节，对农田土壤和各种农业产品的营养成分的快速、实时、准确获取产生非常重要的影响。针对农业信息（土壤养分、农作物品质等）的检测，把光谱计量学方法应用于农作物和农田水土样本的光谱数据的定标集和预测集的划分，优化模型适用度，可以提高农业信息光谱分析的效率，为农作物的精确施肥提供及时有效的科学依据，有望促进农作物的增产增收，以推动精准农业的发展。

机器学习算法可用于近红外测量数据的快速建模，逻辑回归、支持向量机（Support Vector Machines，SVM）和神经网络是用于近红外分析的常见机器学习算法（Uwadaira et al.，2015）。机器学习与光谱数据挖掘相结合，侧重于做出预测决策和发现光谱中的未知特性（Fuentes et al.，2018）。最小二乘 SVM（Least Squares SVM，LSSVM）是一种

用于调整内核映射函数的流行方法，针对采集的数据，LSSVM 的基本概念是利用核函数将原始数据映射到高维空间；这个过程可以实现对因变量和高维数据之间的线性回归，具有很好的保真效果（Andrecut，2017）。LSSVM 包括全局最优解，并在处理非线性和非平稳数据时表现出模型精度。特征样本在高维空间的分布取决于核的选择及其参数的使用。合适的核函数可以消除光谱不同波长之间固有的数据共线效应。

随着大数据和人工智能的发展，近红外定标建模方法被希望能够以更加智能化的形式来解决工业场景中的动态数据流问题。因此，将多元分析方法应用于模型校准已被证明对于提供更可靠和简约的模型非常有益。在过去的几十年中，已经开发了许多用于模型校准的线性和非线性算法，如主成分回归（PCR）、偏最小二乘回归（PLS）、极限学习机、支持向量机和人工神经网络（ANN），其中，ANN 具有计算量小、参数少的优点，适合处理非正态分布问题（Allouche et al.，2015；Killner et al.，2011）。反向传播神经网络（BPN）将输出误差用于反向优化输入层和隐藏层的权重，BPN 算法可以在深度学习模式下进一步优化，通过调整和选择隐藏层的数量和每层的节点数（Deng & Yu，2013），可以确定一个最优的反向传播网络模型来评估分析物，从而可以通过深度学习提高校准模型的预测精度。近年来，近红外光谱计量学的发展越来越重视机器学习和深度学习模式。在现有的移动窗口技术引入深度网格搜索，应用于定标建模环节或者数据预处理环节，以提取待测目标成分的光谱特征用于近红外数据建模（Padarian et al.，2019）。建立多感知器联动训练的神经网络模型，构造具有多个隐藏层和动态可调整的隐藏神经元结构（Chen et al.，2018a），研究在神经网络深度学习模式下进一步改进的近红外光谱分析方案，形成数据可降维缩减、多变量融合识别的近红外分析工具（Zhou et al.，2019）。模型稳健性测试对于快速分析技术来说是不可避免的，它与预测样本中固有的光谱噪声和模型的光谱构成有关（Olivieri et al.，2006）。幸运的是，模型稳健性可以通过分析模型不确定性来评估，它与多次重复测量和分析从这些多次测量中提取的参数的标准偏差有关，应用了一种方法来确定建模不确定性（Scepanovic et al.，2007），以判断目标物质成分性质。

近红外光谱分析技术的农业信息化应用目标可以归纳为：①通过参数或非参数预处理方法消除悬浮颗粒、表面散光和光路变化；②利用重采样技术从原始谱矩阵中选择信息变量以减少数据维度；③结合现代化信息技术方法，组织建立机器学习、深度学习（DL）模型优化平台，通过参数的大范围筛查选择最佳的光谱变量组合，构建优化的近红外定标预测模型；④面向独立于模型训练的测试部分样本，测评模型的参数不确定性、稳定性、鲁棒性和泛化能力；⑤研究多环节、多层次、多变量联合筛选模式，建立信息化算法融合优化机制，构建近红外光谱快速分析的光谱计量学建模框架。

第二章

近红外光谱定量分析建模方法

近红外光谱是一种间接分析技术，其检测分析的目的主要是进行定性鉴别和成分测定，常规流程如插页附图 1 所示，先通过已知样本数据进行光谱建模训练与优化，然后利用所建立的模型对未知样本进行预测和检验，实现现场数据输出。插页附图 1 中"光谱建模与优化"这一步包含了数据建模的主要内容，重点包括样本集划分、数据预处理、特征变量提取、建模优化、模型验证等环节。农业检测对象是多成分的复杂体系，近红外光谱包含了检测对象的所有化学组分的信息，不同组分在不同的光谱频段都会产生光谱响应，由此造成光谱信息的交叉重叠，样品的各种待测组分不能由单一近红外吸收峰来反映。如果只对单一成分进行定量检测，不利于发挥近红外技术的优势，由此造成光谱数据具有相对较低的信噪比，不便于提高光谱分析模型的预测精度。因此，要针对近红外光谱的特点，利用统计学和化学计量学的原理和规律，在近红外光谱数据建模与优化的各个环节中研究光谱计量学分析方法，形成多层次综合指标的多成分同时定量分析的近红外技术应用，这需要在近红外光谱建模与优化的各个环节中建立待测对象的多成分同时定量的光谱计量分析模型，以达到提高模型预测精度的目的。

第一节　样本集划分

由于近红外光谱分析是一种面向数据的、以数据驱动模式进行建模训练的现代分析技术，需要通过模型训练寻找数据中的特征和规律。如果利用全部样本进行模型训练，所选择的模型及参数优化数值又用来对训练样本进行预测，这种情况下通常会造成模型过拟合和数据自相关，所呈现的是模型预测结果会非常好，预测偏差趋向于 0，预测相关系数非常高（接近于 1），会得到非常理想化的结果。但是因为整个建模过程缺乏外部数据验证，造成模型的泛化能力极差，其建模输出并不是期望的结果。因此，近红外光谱分析很有必要进行样本集的划分。样本集的划分可以分为内部检验和外部检验两种模式。

一、样本集划分的两种模式

1. 内部检验

内部检验模式是利用交叉检验技术对全部样本进行交叉验证建模。交叉验证建模又分为留一交叉验证和 k 折交叉验证。留一交叉验证是指每次只留下一个样本作为模型检验对象,其余的样本用于建模,模型对留下来的一个样本进行预测,而样本集中的每个样本轮流作为"被留下"的样本对象。经过一轮循环,即可得到所有样本的建模预测值,进一步进行模型预测偏差和相关系数的运算,以衡量模型的有效性。

k 折交叉验证是在留一交叉验证的模式下进行延伸操作。假设样本集中一共包含有 n 个样本,首先将 n 个样本平均划分为 k 份,每次留下其中的 1 份作为模型检验对象,剩余的 $k-1$ 份用来进行建模训练,经过一轮循环,可以得到所有 k 份(n 个样本)的建模预测值,通过预测偏差和相关系数的优选,利用数据驱动的方式确定模型的结构和参数,进而判定模型的有效性。关于 k 值的选取需要考虑两个基本条件:①$k < \frac{n}{2}$,通常取 $k = \frac{n}{3}$ 或 $\frac{n}{4}$ 或 $\frac{n}{5}$;②$\mathrm{mod}(n, k) = 0$,如果无法找到能整除 n 的 k 值,则将 k 整除 n 之后剩余的 t 个样本($t = n - k \times \left[\frac{n}{k}\right]$)逐个地均匀添加到前面 t 个样本子集中。由此所划分得到的 k 份样本子集中的样本数量无差别〔仅当 $\mathrm{mod}(n, k) = 0$ 时,即完全的 k 等分〕,或样本数量只相差 1 个〔当 $\mathrm{mod}(n, k) \neq 0$ 时,可认为是近似的 k 等分〕。值得注意的是,当 $k = 1$ 时的 k 折交叉验证模式即为留一交叉验证。

2. 外部检验

外部检验模式则是将全部样本划分为建模集 M 和测试集 T,其中测试集样本完全独立于光谱数据建模过程,用来进行模型验证,以提升模型的泛化能力;建模集样本则用来完成训练模型、优选参数、提取模型特征等工作。建模集可以采用上述交叉验证的方法来对模型进行训练;或者可以进一步地将建模集 M 划分为定标集 C 和检验集 V,利用定标集样本来建立和调整模型,检验集样本用来完成模型参数调试、光谱特征波段优选等工作。

为了保证模型的可靠性,需要对 M/T 划分或者 C/V/T 划分的样本数量占比进行控制,如图 2-1 所示。一般地,将建模样本和测试样本的数量占比(M/T)控制在 3/2 到 3/1 之间,如果计划对建模集 M 进行二次 C/V 划分,则在 M/T 划分时应选择较大的数量比例,而 C/V 划分的样本数量比例则控制在 3/2 到 2/1 之间。例如,习惯上选择将 C/V/T 划分的样本数量比例设置为 2/1/1。

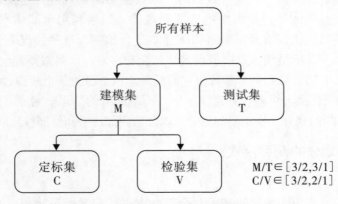

图 2-1　样本集划分模式与数量比例控制

样本集中的样本数量确定之后，需要考虑如何选择合适的样本进入建模集或者测试集，再二次进入定标集或者检验集。为了确保模型验证的客观性，测试集样本（T）采用完全随机的方式来提取，而建模集二次划分为定标集和检验集，则可以研究一些光谱计量学的算法设计。

二、样本划分方法

1. 随机方法

在近红外光谱分析领域中关于样本集划分的方法研究并不多，更多的是引用其他领域已有的相关方法。但仍然有专门针对近红外光谱的代表性数据选择问题的研究（Tominaga，1998；Daszykowski et al.，2002）。从统计学的角度，因为从一个较大的集合中随机抽取的一组数据遵循整个集合的统计分布，所以随机抽样具有一定的统计意义，而且因为它逻辑明了、操作简单，在各个场景的应用中都非常受欢迎。但随机抽样方法具有一定的随机性，它选择的样本并不能保证具有样本集的代表性，事实上，随机抽样不能确保定标集中一定包含边界样本，所以它不能防止建模数据计算中出现外推误差（Rajer - Kanduc et al.，2003）。

2. Kennard - Stone 方法

早在 1969 年，Kennard 和 Stone 就在计算机领域提出了一种样本数据划分方法，该方法的目的是从所有 N 个样本中选择一个具有代表性的子集。为了确保所选子集的样本能够沿着系统（仪器）响应的方向达到均匀分布，该方法在设计中遵循一个逐步过程，选择在远离已选样本的区域中进行新样本的选取（Kennard & Stone，1969）。为此，需要计算任意两个样本（样本 p 和 q）的自变量 x 属性向量之间的欧式距离，计算如下：

$$d_x(p, q) = \sqrt{\sum_{j=1}^{J} (x_p(j) - x_q(j))^2}, \ p, \ q \in [1, \ 2, \ \cdots, \ N] \qquad (2-1)$$

对于光谱数据，$x_p(j)$ 和 $x_q(j)$ 分别代表样品 p 和 q 在第 j 个波长的仪器响应。J 表示光谱中的波长数量。基于此，选择 $d_x(p, q)$ 最大的两个样本，以这两个样本作为划分后的两个集合的代表性样本。在随后的每一次递推过程中，计算每一个未选择样本和已选样本之间的欧氏距离，根据样本的最大、最小距离计算值来确定这个样本的划分。重复递推迭代计算，直到所有的样本都被划分完为止。

该方法被命名为 Kennard - Stone 方法（简称 KS 方法），在过去的 50 多年里，陆续在机械自动化控制、食品安全管理、化工生产、环境资源再生利用等领域得到广泛的应用。

3. SPXY 方法

在 KS 方法的基础上，Galvão 等在 2005 年针对近红外光谱技术应用提出了一种基于变量点距离的同时考虑光谱数据和化学值的样品集划分方法，命名为 SPXY 方法（Galvão et al.，2005）。该方法是在 KS 方法的基础上，同时将因变量 y 的影响考虑到距离计算中，仿照式（2-1），计算任意两个样本之间的 y 数据的欧氏距离 $d_y(p, q)$：

$$d_y(p, q) = \sqrt{(y_p - y_q)^2} = \| y_p - y_q \|, \ p, \ q \in [1, \ 2, \ \cdots, \ N] \qquad (2-2)$$

同时考虑样本数据在 x 空间的分布和在 y 空间的距离分布，将 $d_x(p, q)$ 和 $d_y(p, q)$ 进行累加计算并寻找累加和值的最大值，在累加之前先进行数据的极值标准化处理

（即除以它的最大值），于是，计算得到 xy 联合空间协同的、标准化之后的欧式距离 d_{xy} (p, q)：

$$d_{xy}(p, q) = \frac{d_x(p, q)}{\max\limits_{p, q \in [1, 2, \cdots, N]} d_x(p, q)} + \frac{d_y(p, q)}{\max\limits_{p, q \in [1, 2, \cdots, N]} d_y(p, q)},$$
$$p, q \in [1, 2, \cdots, N] \qquad (2-3)$$

然后，类似于 KS 方法，利用逐步递推迭代的原则，根据 $d_{xy}(p, q)$ 的数值对样本进行划分。经过十多年的算法和数据验证，SPXY 方法已经被认为是近红外光谱分析技术中在样本集划分环节最经典的算法，可以应用到农业、环境、食品、医疗卫生等各个领域的光谱快速检测分析中（詹雪艳等，2014；Tian et al.，2018a；Yang et al.，2019）。

4. 最大相关方法

最大相关方法是利用单一波长的光谱数据和样本的待测成分化学检测数值相结合进行相关系数计算，从而确定具有最高相关的波长点，利用这个波长点的光谱数据进行划分，使得定标模型具有较高的决定系数，同时，通过比较定标集和测试集的内部相关系数，保证划分之后定标集和测试集具有一定的相关相似程度（Chen et al.，2013a；陈华舟，2014）。由于光谱数据和化学检测数值的来源和检测方式不相同，因此在相关计算之前需要先进行数据归一化处理。最大相关方法的具体步骤如下。

步骤一：数据归一化。

先进行参考化学值的归一化：

$$C_m = \frac{1}{N} \sum_{j=1}^{N} C_j \qquad (2-4)$$

$$\text{norm}(C_j) = \frac{C_j}{\sqrt{\sum_{j=1}^{N} (C_j - \overline{C})^2}} \triangleq C_n(j), j = 1, 2, \cdots, N \qquad (2-5)$$

再进行光谱数据的归一化：

$$A_{i,m} = \frac{1}{N} \sum_{j=1}^{N} A_{ij}, i = 1, 2, \cdots, P \qquad (2-6)$$

$$\text{norm}(A_{ij}) = \frac{A_{ij}}{\sqrt{\sum_{j=1}^{N} (A_{ij} - \overline{A}_i)^2}} \triangleq C_n(j), i = 1, 2, \cdots, P; j = 1, 2, \cdots, N \qquad (2-7)$$

$$|A_j| = \sqrt{\sum_{i=1}^{P} (\text{norm}(A_{ij}))^2} \triangleq A_n(j), j = 1, 2, \cdots, N \qquad (2-8)$$

式中，N 为样品个数，P 为波长点个数；C_j 为样品 j 的参考化学值，C_m 为所有样品的参考化学值均值，$C_n(j) = \text{norm}(C_j)$ 为该样品的参考化学值经过归一化计算之后的化学值数据；A_{ij} 为样品 j 在第 i 个波长的吸光度值，$A_{i,m}$ 为该样品在第 i 个波长处的吸光度平均值，$\text{norm}(A_{ij})$ 为该样品在第 i 个波长处的吸光度值经过归一化计算之后的吸光度值；$A_n(j) = |A_j|$ 为样品 j 的吸光度向量的模。

基于上述参考化学值和吸光度的归一化计算，每个样品对应有一个 $C_n(j)$ 和一个 $A_n(j)$；根据朗伯—比尔定律，基于所有样品的 $C_n(j)$ 和 $A_n(j)$（$j = 1, 2, \cdots, N$），回归计算每个样品的化学值模型测试值 $C'_n(j)$，随后计算每个样品的归一化数据回归偏差，即 RDND，进一步对所有样品计算 RDND 的平均值，即 $RDND_{Ave}$：

$$RDND(j) = | C'_n(j) - C_n(j) | \qquad (2-9)$$

步骤二：最值和次值样品的划分。

为了定标预测模型能够具有良好的相关性，原则上需要把具有 $C_n(j)$ 最大值和最小值的 2 个样品和具有 $A_n(j)$ 最大值和最小值的 2 个样品放入定标集，把具有 $C_n(j)$ 次大值和次小值的 2 个样品和具有 $A_n(j)$ 次大值和次小值的 2 个样品放入测试集；然而，这其中所选择的样品可能有若干个是相同的，需要做相应的选择处理。具体操作过程如下。

把具有 $C_n(j)$ 最大值和最小值的 2 个样品和具有 $A_n(j)$ 最大值和最小值的 2 个样品作为最值集合，记为 SZ；同时把具有 $C_n(j)$ 次大值和次小值的 2 个样品和具有 $A_n(j)$ 次大值和次小值的 2 个样品作为次值集合，记为 SC；首先假设 SZ 和 SC 的内部样品均不相同，设定每个集合内部的样品个数为 4，下面针对 SZ 和 SC 的交集进行讨论，以确定最值样品的划分。

如果 SZ∩SC 为空集，即 SZ 和 SC 互相之间没有相同的样品，则 SZ 所有样品放入定标集，SC 所有样品放入测试集；进一步记录 SZ 内部具有相同样品的个数 s_1 和 SC 内部具有相同样品的个数 s_2，即 $s_1, s_2 \in \{0, 1, 2\}$。

如果 SZ∩SC 不为空集，则记录 SZ∩SC 内部样品的个数 s_3，$s_3 = 1, 2, 3, 4$，把 SZ∩SC 内部每一个样品的 RDND 分别与 $RDND_{Ave}$ 比较大小，如果某个样品的 RDND > $RDND_{Ave}$，则将该样品放入定标集，否则将该样品放入测试集；然后，把 SZ∩Cs（SC）内部所有样品放入定标集，把 Cs(SZ)∩SC 内部所有样品放入测试集，并分别记录 SZ∩Cs(SC) 内部和 Cs(SZ)∩SC 内部具有相同样品的个数 s_1 和 s_2，即 $s_1, s_2 \in \{0, 1, 2\}$；其中 Cs 是补集运算符。

步骤三：剩余样品的划分原则。

经过最值样品的划分以后，剩余样品个数为 $N - 8 + s_1 + s_2 + s_3$。关于剩余样品的划分，基于最高相关的原则，分别计算每一个波长点 i 的光谱数据和参考化学值的相关系数 $R(i)$：

$$R(i) = \frac{\sum_{j=1}^{N}(C_j - C_m)(A_{ij} - A_{i,m})}{\sqrt{\sum_{j=1}^{N}(C_j - C_m)^2 \sum_{j=1}^{N}(A_{ij} - A_{i,m})^2}}, \quad i = 1, 2, \cdots, P \qquad (2-10)$$

从所有的波长点中找到最大的 $R_{note} = \max\{R(i), i = 1, 2, \cdots, P\}$，并记录 R_{note} 所在的波长点序号 i_{note}；对剩余的样品做足够多次的随意划分，对每一次划分，选取第 i_{note} 个波长点处的光谱数据 $\{A_{note}\}$，结合样品的参考化学值，分别在定标集内和测试集内计算相关系数 R_{Cset} 和 R_{Tset}：

$$R_{Cset} = \frac{\sum_{j=1}^{L}(C_{L(j)} - C_{Lm})(A_{note, L(j)} - A_{note, Lm})}{\sqrt{\sum_{j=1}^{L}(C_{L(j)} - C_{Lm})^2 \sum_{j=1}^{L}(A_{note, L(j)} - A_{note, Lm})^2}} \qquad (2-11)$$

$$R_{Tset} = \frac{\sum_{j=1}^{K}(C_{K(j)} - C_{Km})(A_{note, K(j)} - A_{note, Km})}{\sqrt{\sum_{j=1}^{K}(C_{K(j)} - C_{Km})^2 \sum_{j=1}^{K}(A_{note, K(j)} - A_{note, Km})^2}} \qquad (2-12)$$

式中，L、K 分别为定标集和测试集样品数量，即 $L + K = N$；C_{Lm}，C_{Km} 分别为定标集和测试集样品化学值平均值，$A_{note, L(j)}$ 为定标集中第 j 个样品在第 i_{note} 个波长点上的光谱数据，

$A_{note,Lm}$ 为定标集样品在第 i_{note} 个波长点上的光谱数据均值，$A_{note,K(j)}$ 为测试集中第 j 个样品在第 i_{note} 个波长点上的光谱数据，$A_{note,Km}$ 为测试集样品在第 i_{note} 个波长点上的光谱数据均值。

计算 R_{Cset} 和 R_{Tset} 之间的绝对偏差（Absolute Offset of Correlation Coefficients，AOC）：

$$AOC = | R_{Cset} - R_{Tset} | \qquad (2-13)$$

按照这种划分方法，选择 AOC 足够小的一个划分作为以下建立近红外光谱分析模型的划分。在这样的划分下建立定标模型可以得到良好的预测效果，为优选连续波段、离散波长组合，以及原光谱、导数光谱的峰值优选等模型优化过程提供良好的数据准备。

5. 禁忌搜索方法

基于禁忌搜索的样本集划分方法是本书作者团队经过多年的研究工作积累发现的一种简单有效的样本集优化划分的技术方法，简记为 TOSA 方法（陈华舟等，2020；Chen et al.，2021a）。该方法综合考虑样本的成分差异和光谱差异，利用加权距离的 2 - 均值聚类方法进行定标样本和检验样本的初始划分，然后利用改进的禁忌搜索方法对初始划分进行优化，将定标集和检验集中的部分样本进行互换，生成多个候选划分对象，将候选对象进行禁忌存储并逐个优化对比，确定当前迭代的最优解，经过多次迭代实现对当前解的优化。通过调整互换样本的数量、候选解的数量、禁忌表的长度和迭代次数，即可实现针对样本集划分的持续性优化，最终输出优化后的样本集划分结果，进一步执行光谱预处理、建模优化、模型预测和评价等环节，有利于提高光谱模型的预测能力。TOSA 方法的操作过程主要分为以下八步。

步骤一，采用基于加权距离的 2 - 均值聚类方法划分训练样本集（Cal）和检验样本集（Val）。将每个样本的光谱向量 v_i（$i=1,2,\cdots,n$）视为高维空间中的数据点，以加权欧氏距离为指标计算所有 n 个样本两两之间的距离；加权欧氏距离定义为：

$$d = \sqrt{\sum (\sigma_i v_i - \sigma_j v_j)^2} \qquad (2-14)$$

式中，v_i 和 v_j 为第 i，j 个样本的光谱向量，σ_i 和 σ_j 为第 i，j 个样本的权值（在光谱分析中通常选取样本对应的化学参考值作为权值）。基于聚类划分原则，首先将距离最远（即 d 值最大）的两个样本分别划分到 Cal 集和 Val 集中，然后以这两个样本为初始聚类中心，将其他样本聚类划分到对应样本集中，以此获取 Cal 和 Val 的样本划分结果。

步骤二，设置禁忌优化（Tabu Optimization）的最高迭代次数为 T；设置禁忌表（Tabu Table，以下简称 Table）长度为 Len。

步骤三，当前迭代次数 it 初始化为 0；Table 初始化为空表；将步骤一得到的 Cal 和 Val 样本划分结果作为样本划分禁忌优化问题的当前解（记为 S）。

步骤四，根据每一次迭代判断 Table 的非空单元格数量（w_len）是否小于 Len：如果 $w\_len < Len$，将当前解 S 增加写入 Table；如果 $w\_len = Len$，则按照先入先出的原则，利用当前解 S 替换最先被写入 Table 中的一个解，更新 Table。

步骤五，对当前解 S 中的 Cal 和 Val 样本执行随机 k 对互换进行数据调整，即随机选择 k 个 Cal 样本放入 Val 中，同时选择 k 个 Val 样本放入 Cal 中（其中 k 的取值必须小于 Cal 样本集中的数量并同时小于 Val 样本集中的数量）。随机互换可以执行 m 次，生成 m 个优化候选解（S_t^{candi}，$t=1,2,\cdots,m$）。

步骤六，判断每一个候选解 S_t^{candi} 是否在当前的 Table 中储存，分为以下两种情况进行讨论：① 如果存在部分 S_t^{candi} 没有在当前的 Table 中储存，根据目标函数的适应度（预测偏差最小）选择不在当前 Table 中的最优候选解（S_{opt}^{candi}），将 S_{opt}^{candi} 赋予 S，跳转至步骤七。②如果全部 m 个 S_t^{candi} 都已经被存储在当前的 Table 中，根据目标函数的适应度判断每一个 S_t^{candi} 的建模效果是否优于 S 的建模效果：如果全部 m 个 S_t^{candi} 的建模效果都不能优于 S，跳转至步骤八；如果存在部分 S_t^{candi} 的建模效果优于 S，将效果更优的若干个 S_t^{candi} 从 Table 中移除（即解除禁忌，允许下一次迭代重新考虑该解），并选择将其中的最优候选解（S_{opt}^{candi}）赋予 S，跳转至步骤七。

步骤七，当前迭代次数 it 自加 1，并判断 it 是否小于最高迭代次数 T：如果 $it < T$ 则跳转至步骤四，如果 $it = T$ 则跳转至步骤八。

步骤八，终止禁忌优化的迭代过程，输出当前解 S（即输出一个经过禁忌优化的 Cal 和 Val 样本集划分）。

TOSA 方法的计算过程中涉及的几个重要参数（T，Len，k，m）可以根据实际数据特征进行针对性调整，以便降低算法复杂度，实现对样本集划分问题的智能优化，有利于快速确定光谱建模的样本集优化划分。

三、重复选样方案

对于样本集的外部检验模式，除了随机获取测试集 T 的样本，建模集 M 的二次划分，定标集 C 和检验集 V 的样本选取的不同对于模型训练的可靠性和稳定性方面具有非常重要的影响，尤其是对于农业领域中各种复杂的分析对象。众所周知，很多的划分方法，如按照参考化学值的划分、按照光谱吸光度的划分，以及前文提到的随机划分、KS 方法、SPXY 方法等，这些方法均可快速获取 C – V 集合的划分，但通常情况下只需要进行一次划分。

然而，定标集和检验集的多次不同划分会造成模型预测效果的波动，影响近红外分析模型的预测精度，同时所确定的模型优选参数也会发生变化。因此，只用一次划分来建立定标模型，其预测效果是不可靠的。为了建立客观稳定的近红外光谱训练模型，在确定了定标集和检验集的样本数量之后，有必要对建模样本集 M 进行多次不同的C – V划分（假设为 L 次），对每次划分分别建立定标预测模型；进而对多个模型进行参数解析验证并优选（Chen et al.，2011；Chen et al.，2015）。具体的模型参数优选和测试方案如图 2 – 2 所示。例如，可以给模型参数组合赋予某一个固定的取值，对多次（记为 L 次）不同的划分样本进行建模预测的模型预测结果进行描述性统计分析，引入平均值、标准偏差、四分位极差、异常判别指标值等若干统计学指标（见表 2 – 1），对所使用的模型参数组合的取值进行预测能力、优化能力、稳定性和可靠性的判断。通过调试模型参数的不同取值（假设为 K 个），可以利用这种重复性选样的建模调试方式来确定模型参数的一个稳定优选结果。

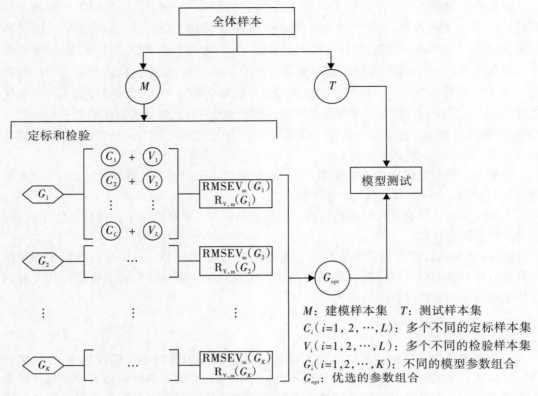

M：建模样本集　T：测试样本集
$C_i(i=1, 2, \cdots, L)$：多个不同的定标样本集
$V_i(i=1, 2, \cdots, L)$：多个不同的检验样本集
$G_i(i=1, 2, \cdots, K)$：不同的模型参数组合
G_{opt}：优选的参数组合

图 2-2　基于 L 次重复选样的模型参数优选和测试方案

表 2-1　基于 n 个划分的模型参数优化稳定性统计指标

		模型参数组合 G_1	模型参数组合 G_2	⋯	模型参数组合 G_K
	划分 1	预测值 11	预测值 12	⋯	预测值 1K
	划分 2	预测值 21	预测值 22	⋯	预测值 2K
	⋮	⋮	⋮		⋮
	划分 L	预测值 L1	预测值 L2	⋯	预测值 LK
不同划分的模型预测值统计指标	平均值	平均值 1	平均值 2		平均值 K
	标准偏差	标准偏差 1	标准偏差 2		标准偏差 K
	四分位极差	四分位极差 1	四分位极差 2		四分位极差 K
	异常判别指标值	异常判别指标值 1	异常判别指标值 2	⋯	异常判别指标值 K
	⋮	⋮	⋮		⋮

此外，定标集和检验集需要具有一定的相似性，定标模型才是可靠和稳定的。由于计量学模型是基于定标集样本训练建立的，模型的适用性自然受到定标集样本化学值范围的限制，如果检验集样本和测试集样本的范围超出了限定范围，那么就统计学的概念而言，这个模型不能用来预测这些超出范围的样本，则判定该模型是不可靠或者不稳定的。例如，把化学值低的样本作为定标集，而把化学值高的样本作为预测集，显然是不合理的。基于此，在用于建模的定标样本、用于选参优化的检验样本和用于模型评价的测试样本之间需要定义一种相似性来保证模型的有效性。

第二节　光谱数据预处理

农业对象样本是具有复杂背景的多成分复杂体系，而复杂体系的近红外光谱响应数据的信息十分复杂，往往会包含一些与待测样本性质无关的因素，对光谱信号造成干扰，如样本的状态、光和样本接触形成的杂散光效应，还有仪器响应的滞后性、装样取样的随机性等，导致了近红外光谱的基线漂移和光谱信号的弱化、重叠，因此，研究光谱的预处理方法对光谱数据进行降噪消噪处理是非常有必要的（Rinnan et al.，2009）。光谱预处理方法有很多，主要为了实现数据平滑、噪音扣减、导数光谱、归一化、标准化等作用。比较常用的是多元散射校正（MSC）、标准正态变换（SNV）、Savitzky - Golay 平滑，还有一些其他的新型数据降噪预处理方法，通过参数的调整、范围扩充、组合优化等方式，结合定量分析技术，实行多种预处理方法的交叉组合应用，确定光谱预处理参数的综合优选模式，达到最大限度地消除各种噪声的目的。

一、非参数方法

1. 多元散射校正（MSC）

多元散射校正（Multiplicative Scatter Correction，MSC）是将光谱中的散射信号与化学吸收信息进行分离的一种预处理方法，它是根据平均计算的思想，对所有样本的光谱进行集中式位置校正，通过计算平均样本的光谱，以平均样本光谱作为标准，对样本集的全部光谱做伸缩和平移操作，达到扣减光谱中因杂散光形成的噪声效果，进而减少散射光带来的干扰，消除背景的影响（Fearn et al.，2009）。该方法需要假设光散射系数在所有波长处都保持一致。具体计算过程如下。

步骤一，计算所有样本光谱的平均光谱：

$$\overline{A} = \frac{1}{n} \sum_{j=1}^{n} A_j \qquad (2-15)$$

步骤二，将每个样本针对平均样本的光谱进行回归校正：

$$A_j = k_j \overline{A} + b_j \qquad (2-16)$$

步骤三，利用回归系数计算每个样本的 MSC 校正光谱：

$$A_j^{\text{MSC}} = \frac{A_j - b_j}{k_j} \qquad (2-17)$$

　　MSC 方法在近红外光谱分析中的作用主要是可以消除漫反射光谱中的镜面反射和样本颗粒度不均匀造成的噪声，消除同批样本在漫反射光谱中因基线漂移和角度旋转所造成的数据差异（芦永军等，2007）。

　　从 MSC 的算法过程可以看出，它在消除散射影响的时候是假设每个样本的光谱与平均光谱在全谱段范围内均为线性关系，则通过简单的最小二乘回归来计算，但在实际情况中这样的线性假设是不成立的。对于不同颗粒大小的样本，光散射所造成的影响非常复杂，特别是对于农业研究中的复杂样本，只靠平均光谱作为标准谱是不够的。因此，需要利用分段多元散射校正方法（Piecewise MSC，PMSC）（Gallagher et al.，2008），在校正时，假设在分段窗口（$m + n + 1$）大小的波长范围内，A_{ij} 与平均光谱存在线性关系，对每一个窗口分别按照（2 - 16）式进行一元线性回归，由最小二乘法一次计算每个窗口的斜率和截距：

$$A_{ij} = k_{ij}\overline{A}_i + b_{ij}E + e_{ij} \qquad (2 - 18)$$

式中，$\overline{A}_i$ 为样品集对应的（$m + n + 1$）窗口大小波长段的平均光谱；E 为单位向量；e_{ij} 为残差向量，k_{ij} 和 b_{ij} 为 PMSC 的校正系数。PMSC 校正后的光谱 A_{ij}^{PMSC} 可由（2 - 19）式计算：

$$A_{ij}^{\mathrm{PMSC}} = \frac{A_{ij} - b_{ij}E}{k_{ij}} \qquad (2 - 19)$$

　　PMSC 方法中分段窗口大小的选择对预处理结果造成较大的影响：如果窗口过大，区间的数据不满足线性关系；如果窗口过小，则减弱了不同样品之间的光谱差异。两种情况都可能导致模型预测能力的下降。这是因为 MSC 和 PMSC 是对光谱数据进行预处理，并没有考虑到样本的待测成分含量浓度的影响，从而无法判断对于定标模型的有用信息是否准确保留，因此通常是结合后面的特征变量选择方法和定量建模优化方法来对 PMSC 的窗口大小进行筛选。

　　2. 标准正态变换（SNV）

　　标准正态变换（Standard Normal Variate，SNV）主要是用来消除因固体颗粒度不均匀所形成的表面散射和光程不规律的近红外漫反射效应对光谱分析模型的影响（Fearn et al.，2009）。SNV 算法与一般的标准化算法的计算公式基本一致，但需要强调的是，SNV 对光谱进行预处理是针对单个样本在不同频率的波长点上的光谱数据进行操作。对于第 j 个样本的光谱向量 $A_j = \{A_{ij} \mid i = 1, 2, \cdots, p\}$，SNV 变换的计算公式如下：

$$A_{ij}^{\mathrm{SNV}} = \frac{A_{ij} - \overline{A}_j}{\sqrt{\dfrac{\sum_{i=1}^{p}(A_{ij} - \overline{A}_j)^2}{p - 1}}} \qquad (2 - 20)$$

式中，$\overline{A}_j = \frac{1}{p}\sum_{i=1}^{p}A_{ij}$，$i = 1, 2, \cdots, p$；$j = 1, 2, \cdots, n$，其中 p 为波长数量，n 为样本数量。

　　去趋势标准正态变换（DC - SNV）方法是 SNV 的一种改进方法，它在校正样本颗粒散射的同时还能够调和光谱误差（陈华舟等，2016）。DC - SNV 预处理的操作过程分两步完成，先对原光谱吸光度数据 A_j 进行 DC 处理，再对去趋势的数据 A_j^{DC} 进行 SNV 处理，最终得到 DC-SNV 预处理的光谱数据 A_j^{DCSNV}。具体计算过程如下。

步骤一，对原光谱 A_j 进行 DC 处理。基于最小二乘原则对原光谱吸收度数据完成二项式拟合，得到一条光谱趋势线，然后从原光谱中减去该趋势线，即：

$$\hat{A}_j = b_0 I + b_1 b W_j + b_2 I W_j^{T} W_j \tag{2-21}$$

$$A_j^{DC} = A_j - \hat{A}_j \tag{2-22}$$

式中，W_j 为波长向量，I 为与 W_j 相同维数的单位向量，A_j^{DC} 为经去除趋势校正后的光谱，A_j 为原始光谱，$\hat{A}_j$ 为经二项式线性拟合所得趋势线，下标 j 表示第 j 个样本，$j=1$，2，$\cdots$，n。

步骤二，对去趋势的光谱 A_j^{DC} 进行 SNV 处理：假设去趋势的光谱吸光度值 A_j^{DC} 对于波长符合某一种分布，通过在去趋势的光谱 A_j^{DC} 中减去光谱平均值 $\overline{A_j^{DC}}$，再除以对应标准偏差，完成对原光谱的 DC-SNV 校正，即：

$$A_{ij}^{DCSNV} = \frac{A_{ij}^{DC} - \overline{A_j^{DC}}}{\sqrt{\frac{\sum_{i=1}^{p}(A_{ij}^{DC} - \overline{A_j^{DC}})^2}{p-1}}} \quad i=1，2，\cdots，p；j=1，2，\cdots，n \tag{2-23}$$

式中，$\{A_{ij}^{DCSNV} | i=1，2，\cdots，p\} \overset{\triangle}{=\!=} A_j^{DCSNV}$ 为第 j 个样本完成 DC-SNV 处理后的光谱数据，A_{ij}^{DC} 为第 i 个波长点处第 j 个样本的光谱吸光度值，$\overline{A_j^{DC}}$ 为第 j 个样本的光谱平均值，p 为波长点个数，n 为样本个数。

3. 微分（Derivative）

微分是常用的非参数光谱预处理方法之一，它可以消除光谱数据的基线漂移、凸显谱带特征、克服谱带重叠干扰。一阶微分可以去除与波长无关的常数项基线漂移，其计算方式为：

$$d^1 A(i) = \frac{A(i+t) - A(i)}{t} \tag{2-24}$$

二阶微分可以去除与波长线性相关的倾斜性漂移，其计算方式为：

$$d^2 A(i) = \frac{d^1 A(i+t) - d^1 A(i)}{t} = \frac{A(i+t) - 2A(i) + A(i-t)}{t^2} \tag{2-25}$$

式中，t 为微分操作的目标光谱波段宽度，$A(\cdot)$ 为微分前的光谱吸光度值，$d^1 A(\cdot)$ 和 $d^2 A(\cdot)$ 分别为一阶微分和二阶微分之后的光谱吸光度值。

4. 移动平均（MA）

平滑是通过对信号进行平均而减小噪声的一种操作。移动平均法（Moving Average，MA）是多点平滑方法中最简单的一种。该方法选择在数据序列中相邻的奇数个数据点作为一个待处理的"数据窗口"，计算在窗口内奇数个数据点的平均值，用求得的平均值代替窗口中心点的数据值，得到平滑后的一个新的数据点。

假设以连续的 $2m+1$ 个波长点作为一个窗口，利用窗口内所有波长点的光谱数据的平均值代替该窗口中心点（记为零点）的光谱数值，从而达到光谱平滑、去除噪声的目的。平滑后的光谱数值（$\overline{A}_0$）计算如下：

$$\overline{A}_0 = \frac{1}{2} \sum{}_{i}^{+m} = {}_{-m}A_{0+i} \qquad (2-26)$$

窗口的持续移动表示为：去掉原窗口内的第一个数据点，添加与原窗口相邻的下一个数据点，形成移动一个单位数据后的新窗口。移动过程中窗口内的数据总个数不变。在新窗口内对奇数个数据点求平均值，并用它来代替当前窗口的中心数据点，如此移动并平均直到历遍全波段的所有光谱数据点。

二、多参数协同调试方法

1. Savitzky - Golay 平滑

Savitzky - Golay（SG）平滑是一种包含多种不同模式的适用范围宽的光谱预处理方法，是平滑和导数处理方法的结合，可以消除光谱中的高频噪声及位移变化（Savitzky & Golay，1964）。SG 平滑方法含有平滑点数（$2m+1$）、导数阶数（d）、多项式次数（p）三个参数，对每一个参数都进行调节，可以组成多种不同的平滑模式。导数阶数设置为 $d=0$，1，2，3，4，5，多项式次数设置为 $p=2$，3，4，5，平滑点数取 5 到 25 之间奇数，不同的参数组合对应不同的平滑模式（包含相应的平滑系数组合），总共有 117 种平滑模式（即有 117 组平滑系数），可以根据对象的不同来选择适当的平滑模式。平滑点数是参数调节的关键，点数过少会因为引入了新的误差而降低所建模型的精确度，点数过多会因为丢失了含有样本信息的光谱而降低所建模型的精确度，因此合理选择平滑点数是很重要的。平滑点数通常是一个奇数，光谱中连续的点作为一个窗口，对窗口中的光谱数据作最小二乘拟合，确定多项式系数，然后，在全谱范围内移动窗口，计算光谱平滑值和光谱导数值。

SG 平滑把光谱区间的 $2m+1$ 个连续点作为一个窗口，在窗口内用多项式（以点的编号 i 为自变量，$i=0$，± 1，± 2，…，$\pm m$）对实测光谱数据作最小二乘拟合，得到相应的多项系数，然后采用得到的多项式系数，计算出该窗口中心波长点（$i=0$）的平滑值和各阶导数值。使窗口在全谱范围内移动，计算原光谱的 SG 平滑光谱和 SG 导数光谱。窗口中心点的平滑值和各阶导数值可以表示为窗口内各点实测数据的线性组合，线性组合的系数（即平滑系数）由导数阶数、多项式次数和平滑点数（即窗口内的点数）唯一确定。

对于一些实际的系统，如果光谱的波长间隔较小，平滑点数也不多，窗口就会很小，所包含的信息量不够，这种情况下，就较难得到好的平滑效果，所以 SG 平滑点数的扩充是很有必要的。笔者此前将平滑点数扩充为 5 到 81 之间的奇数，多项式次数扩充为 $p=2$，3，4，5，6，计算出多组相应的平滑系数，共有 540 种平滑模式（包含原有的 117 种平滑模式），是适用范围更宽的 SG 平滑预处理群。（Chen et al.，2011）

下面以 2 阶导数、6 次多项式、45 点平滑的平滑模式为例，介绍平滑系数的计算过程。实际上，这里需要利用 6 次多项式、45 点平滑来计算 2 阶导数光谱。首先，窗口内的 45 个连续波长的编号为 $i=0$，± 1，± 2，…，± 22，对应的光谱数据为 A_i，6 次多项式可定义为：

$$fi = \sum_{k=0}^{k=6} b_{6k}i^k = b_{60} + b_{61}i + b_{62}i^2 + b_{63}i^3 + b_{64}i^4 + b_{65}i^5 + b_{66}i^6 \tag{2-27}$$

利用光谱数据 A_i 来拟合多项式系数 b_{6k}，$k=0$，1，2，…，6。然后计算窗口中心点（$i=0$）的 2 阶导数光谱值：

$$(\frac{d^2fi}{di^2})_{i=0} = 2! \ b_{62} = a_{62} \tag{2-28}$$

因此，下面只需要确定 b_{62}。根据最小二乘原理要求：

$$\frac{\partial}{\partial b_{6r}}\left[\sum_{i=-22}^{i=22}\left(\sum_{k=0}^{k=6}b_{6k}i^k - A_i\right)^2\right] = 0 \quad r=0，1，2，\cdots，6 \tag{2-29}$$

化简得到：

$$\sum_{k=0}^{k=6}b_{6k}\left(\sum_{i=-22}^{i=22}i^{r+k}\right) = \sum_{i=-22}^{i=22}i^r A_i \quad r=0，1，2，\cdots，6 \tag{2-30}$$

上式是 $b_{6k}(k=0，1，2，\cdots，6)$ 的常系数线性方程组，方程组所有的右端项都是光谱数据 A_i 的线性组合，可以唯一确定 b_{62}（也是光谱数据 A_i 的线性组合），对应得到窗口中心点（$i=0$）的 2 阶导数光谱值 a_{62}：

$$a_{62} = 2b_{62} = \sum_{i=22}^{22}k_i A_i \tag{2-31}$$

求解该线性方程组计算得到平滑系数 k_i，并列出如下：2.028 4，−0.281 4，−1.419 4，−1.726 3，−1.480 5，−0.904 1，−0.170 5，0.590 2，1.284 9，1.852 5，2.258 0，2.488 4，2.548 0，2.454 4，2.234 7，1.922 2，1.553 3，1.165 0，0.792 4，0.467 0，0.214 8，0.055 5，0.001 0，0.055 5，0.214 8，0.467 0，0.792 4，1.165 0，1.553 3，1.922 2，2.234 7，2.454 4，2.548 0，2.488 4，2.258 0，1.852 5，1.284 9，0.590 2，−0.170 5，−0.904 1，−1.480 5，−1.726 3，−1.419 4，−0.281 4，2.028 4（×10^{-3}）。

每一种 SG 平滑模式的平滑系数组合都可以按照上述方法类似地计算出来，但是 SG 平滑模式很多（共有 540 种），具体的计算过程不尽相同，计算量较大，为此需要建立特定的计算机算法平台，计算出所有 540 种 SG 平滑模式的平滑系数组合，构建相应的数据库，从而进行 SG 平滑模式的优选。

2. Whittaker 平滑

Whittaker 平滑于 21 世纪初被推广到数据预处理的应用，它是结合了平滑和求导的一种有效的数据预处理方法。Whittaker 平滑方法基于补偿最小二乘原理，考虑了数据拟合过程中应该避免过拟合的问题（Eilers，2003）。该方法选用拟合数据的导数偏差来衡量过拟合程度，以总体偏差最小作为数据平滑的目标来实现数据降噪，通过平衡拟合偏差和导数偏差来避免过拟合现象的产生，其中 λ 是导数偏差的权重参数，通常 λ 按照以 10 为底的指数函数来取值，λ 越大，表示导数偏差对总体偏差的影响越大，所得到的平滑数据越光滑。与其他常用的预处理方法相比较，它具有算法简单易懂、可变参数少、边缘数据自适应、缺失数据加权补齐等优点。

光谱测量数据 y 的长度为 p，数据中的相邻采集点之间的间隔是相等的。Whittaker 平滑方法希望能找到 y 所对应的降噪数据 z，使得 z 能够尽量提高数据信噪比，同时能够防止过拟合现象的出现，由此提出一个衡量平滑效果的指标：

$$Q = S + \lambda R \qquad (2-32)$$

式中，S 是 z 对 y 拟合的残差平方和，表示数据的降噪程度；R 是 z 的 d 阶导数偏差（$d = 1$，2，3，…），表示数据的过拟合程度；λ 是一个可选择参数，表示导数偏差对总体偏差的影响程度：

$$S = \sum_i (y_i - z_i)^2 \qquad (2-33)$$

$$R = \sum_i (\Delta^d z_i)^2 \qquad (2-34)$$

式中 $\Delta^d z_i = \Delta(\Delta^{d-1} z_i)$，对于 $d = 1$，$d = 2$，$d = 3$ 分别有：

$$\Delta z_i = z_i - z_{i-1} \qquad (2-35)$$

$$\Delta^2 z_i = \Delta(\Delta z_i) = (z_i - z_{i-1}) - (z_{i-1} - z_{i-2}) = z_i - 2z_{i-1} + z_{i-2} \qquad (2-36)$$

$$\Delta^3 z_i = \Delta(\Delta^2 z_i) = z_i - 3z_{i-1} + 3z_{i-2} - z_{i-3} \qquad (2-37)$$

根据补偿最小二乘原理，需要找到一个 z，使得 Q 取到最小值。由于 λ 的选择与 Q 无关，却会影响到 Q 的取值，因此，关于 λ 的优选，通常使 λ 随着 $\log\lambda$ 的线性变化而变化，对于每一个得到的数据 z，基于每个波长 i 做留一交叉检验，计算交叉检验标准偏差：

$$S_{cv} = \sqrt{\frac{\sum_{i=1}^{p}(y_i - z_i)^2}{p}} \qquad (2-38)$$

根据 S_{cv} 最小选取最优的 λ。

3. 光通路径长度估计与校正（OPLEC）

因光谱仪器的内置光电系统固有的物理特性，在重新放置样本时，所放置的位置会产生微小的移动，由此使得近红外光的照射路径的长度发生改变，会导致光照射样本所产生的反射、透射、散射效应不稳定。为了避免这方面的影响，湖南大学陈增萍教授等在 2006 年提出，通过计量学方法的研究，可以在光谱数据收集完成之后再来执行对此类不稳定因素的数据校正。他们所提出的光通路径长度估计与校正（OPLEC）方法在奶粉和小麦的营养检测中得以验证。（Chen et al.，2006）该方法被提出之后，受到近红外光谱分析领域学者的关注，并得到广泛推广应用。经过与 MSC、PMSC、SNV、DSNV 等针对光谱散射效应的预处理校正方法进行比较，OPLEC 方法具有显著的优势，但是该方法在建模稳定性方面略有不足。

一个复杂体系样本的光谱可以利用对应纯物质成分的光谱进行线性表达（Chen et al.，2014a），构建双定标过程。假定已知样本中的所有 r 个纯物质成分的近红外光谱，在理想状态下，复杂体系样本光谱（x）可以表示为各个物质成分纯光谱（s_1，s_2，…，s_r）的线性组合，即：

$$x_i = v_i \sum_{j=1}^{r} b_{i,j} s_j \qquad (2-39)$$

式中，$b_{i,j}$ 代表第 j 个物质成分在第 i 个样本中的含量，前置因子 v_i 代表第 i 个样本 x_i 在光谱测量时所产生的光通路径变化。然而，单一物质成分的纯光谱数据难以获取，实际数据并不理想。因此，在实验操作中，选择容易获得纯光谱的其中一种物质成分（假定为 s_2），对其余未能获取纯光谱的物质成分，在模型中做绝对偏差处理，可将上述线性组合表达式转换为：

$$x_i = v_i b_{i,2} s_2 + v_i \sum_{j \neq 2}^{r} b_{i,j} (s_j - s_2)$$

(2-40)

由于多数物质含量接近，可将在累加运算符中的多项（$s_j - s_2$）近似为零（即可忽略），通过这种方式能够将复杂体系光谱数据分解成为少数几个纯物质光谱的线性组合，由于在光谱分析建模中各种物质的化学值已知，可以预先通过 x_i 对 s_j 进行一次定标建模操作，利用类似于常规光谱定标的方法（如偏最小二乘法）完成对 v_i 的预测，进一步完成光谱建模预测。此过程定义为 MOPLEC 方法的双定标过程。需要强调的是，在对 v_i 的预测中，无需测算每一个 v_i 的估计值，而是通过访问 v 的二次函数 $f(v)$ 最小估计值来确定 v 所对应的纯物质数量 r 的取值。MOPLEC 方法由于嵌入了双定标过程，使得原有 OPLEC 的数据预处理方法在稳定性方面得到加强。

三、联合优化方案

光谱预处理是光谱分析流程中的重要一环，对于建立高精度的光谱分析定标预测模型具有重要的意义。光谱数据预处理是对所采集的样本数据进行降噪处理、定标抽样、特征提取等操作，为近红外快速定量分析提供良好的信息数据。针对包含多成分的农产品复杂体系，近红外光谱直接测定数据包含了很多不同来源、不同种类的未知噪声，想要在多重噪声干扰下提取特定成分信息尤为艰难。因此，合理选择光谱数据预处理方法非常重要，必须利用有效的化学计量学技巧来完成数据预处理，并结合数学方法进行建模设计优化，完成数据信息提取，进而提高光谱分析模型的预测精度。

光谱降噪方面的计量学方法研究已经深入到了一定程度。随着大数据时代的来临，信息科学领域全面进入智能化阶段。传统计量学方法虽然能够提高光谱模型预测精度，但其自适应优化能力有待提高。因此，要围绕关键的光谱数据降噪预处理环节，研究 SG 平滑、OPLEC、Whittaker 平滑、小波变换（WT）等多种计量学方法的智能联动优化方案，尝试对参数变化范围进行扩充，对参数进行自适应大范围筛选，以机器学习、集成学习的方式研究针对特定待测对象的参数自适应调试模式，从计量方法上构建数据预处理多方法智能联动优化模式，进一步研究数据预处理方法的可变参数和建模方法的参数以进行联合优化，在建立定标模型的过程中设计数据预处理的建模优选方案。

针对农业载体或农作物的各种营养指标，研究近红外快速检测的自适应光谱分析数据预处理模式，针对光谱信噪比的提升统计建模联合优化的计量学方法的参数自适应调试模式，建立数据驱动模式的智能优化光谱分析数据预处理优化模型。研究地域区间、生态环境等条件多样化的分布式智能学习联合优化策略，进一步通过实验重复性分析和多次计算实验，对各种数据预处理算法的自适应优化模式做出适当的选择，研发建模优化过程中的预处理算法模块，构建光谱数据快速预处理的算法平台，建立近红外光谱数据预处理和定量分析的集成优化系统。

第三节　特征变量选择

近红外光谱定量分析模型需要从光谱数据中提取尽可能多的信息，因此光谱特征变量筛选尤为重要，特别是对于农业载体或农产品等复杂体系，光谱特征变量携带了对应目标成分的丰富光能响应信息，快速准确地确定光谱特征变量对于提高光谱建模分析的精准度具有一定的功效。光谱定量分析模型需要配合信息变量的选择，如何从高维的光谱数据中筛选出低维的能够充分代表样品信息的波长点参与回归，这跟研究对象的物理特性有着必然联系。如果选取的光谱数据点太多，模型引入噪声，会降低模型预测效果；如果选取的光谱数据点太少，则模型中的信息量不够，模型预测效果也得不到提高；如果选用的波长点不是该研究对象的信息波长点，会在一定程度上降低模型的预测能力，导致所得到的模型并不是优化的模型。采用有效的计量学分析方法，提取有效的信息数据，以降低数据噪声对定标模型的影响，是提高模型预测精度的关键。特征变量选择的方法从宏观上可以分为连续波段选择和离散波长选择，而客观波长组合的建模表现可以通过特征变换的方式来呈现，因此，随着化学计量学的智能化发展，陆续出现了许多关于空间变换、加权组合、栅格化、梯度提升、加核运算、模拟进化等提取技术。

一、连续波段选择

连续波段的优选是提高模型精度和降低模型复杂性的有效措施，不仅可以降低模型的共线性，还可以使模型更好地表达分析物光谱与其成分含量或性质之间的关系。Norris 等通过检查光谱导数和分析物浓度之间的相关系数以及导数间隙大小的经验优化，选择最佳光谱区域（Norris & Ritchie，2008）。Xu 和 Schechter 提出了一种基于元分析信号范数的相对误差的波长选择准则，优化了窗口位置和窗口大小，使窗口的相对误差最小（Xu & Schechter，1996）。

1. 波段分割法

波段分割法是将测量的光谱全波段数据分割成若干个子区间，然后对每个子区间的数据进行建模和优化操作。

分割时遵循等分的原则，让分割之后的子区间具有相同的波段宽度，即每个子区间包含相同的波长点数量。但全波段上总的波长数量取决于光谱测量时的全谱段区域和分辨率的设置，那么总的波长数量（设为 p）不一定能够被区间数（设为 n）等分。如果 $\mathrm{mod}(p, n) = 0$，则表示 p 能够被 n 等分，则每个子区间将包含 p/n 个波长点；如果 $\mathrm{mod}(p, n) \neq 0$，则表示 p 不能被 n 等分，此时会产生未能被分配的波长点数量（设为 k）$k = p - n \times (p/n)$。关于数量 k 的处理有两种方式：

（1）将 k 个波长份额平摊分给已经分割的 n 个子区间中的前 k 个，于是就会形成有 k 个子区间包含 $p/n + 1$ 个波长点，另外 $n - k$ 个子区间包含 p/n 个波长点。

（2）判断 k 和 p/n 的数值大小，如果 $k > (p/n)$，则 k 个波长份额单独成为一个额外区间，此时将形成 $n + 1$ 个子区间；如果 $k \leqslant (p/n)$，则将 k 个波长份额合并给第 n 个子区间，此时形成 $n - 1$ 个包含 p/n 个波长点的子区间和 1 个包含 $p/n + k$ 个波长点的子区间。

选用上述方式的其中一种，确定每个子区间的波长点数量（如图 2 - 3 所示），再按照连续波段分割的模式将全段光谱数据分割为若干子区间波段。

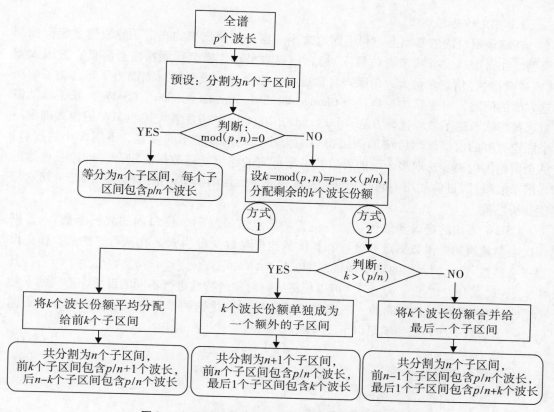

图2-3　连续波段分割法的波长数量份额分配流程

2. 移动窗口法

在近红外光谱建模过程中，模型训练和测试的光谱数据范围（即对应的光谱波长区域）的选择是非常重要的，不同位置的波段选择将会带来不一样的模型预测结果。移动窗口（Moving Window，MW）方法是预先设定一个固定宽度的波段范围，把相邻波长的 q 个连续光谱数据划入一个窗口，形成一个固定宽度的波段选择模式，然后让窗口沿着光谱频率变化的方向进行逐步移动，每次移动将确定一个具体的包含有 q 个波长点的光谱波段子区间（如图2-4所示），在该子区间上建立光谱定量分析模型，随着窗口的移动搜索所有可能的光谱子波段，根据模型预测效果和模型复杂度的对比来确定最优光谱子波段的位置。

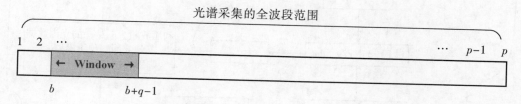

图2-4　基于移动窗口法的子波段选择模式

3. 可变移动窗口法

在移动窗口法的基础上，利用固定大小的窗口划分出来的光谱子波段建立定标预测模型，如果窗口太窄（或者位置不对），信息含量小，模型预测精度会降低；波段太宽（或者全谱），信息含量大，但噪声含量也大，也会导致模型的预测能力下降。为了解决这方面的问题，可变移动窗口法（Changeable Size Moving Window，CSMW）基于移动窗口选择模式改进了波段选择方法（Du et al.，2004）。该方法首先按照 MW 的模式确定一个固定宽度的窗口，然后增加调试窗口的大小，利用多个不同位置、不同大小的窗口，从全谱范围内逐步选取多个可前可后、可窄可宽的连续光谱数据点组合（即波长连续的光谱子波段），进而利用不同的光谱子波段建立定标预测模型，根据模型预测结果筛选最优分析波段。

CSMW 方法的窗口参数包括窗口位置的起点波长（b）、窗口内的波长个数（q，即每次参与建模的光谱数据点数量）和具体的建模参数（设为 f）。在执行算法前，预先设置三个参数（b，q，f）的可变调试范围，$b_{min} \leq b \leq b_{max}$，$q_{min} \leq q \leq q_{max}$，$f_{min} \leq f \leq f_{max}$，其中 b_{min}，b_{max}，q_{min}，q_{max}，f_{min}，f_{max} 可以根据研究对象的特性进行不同的设置。不同的 b 和 q 所对应选择的窗口是不同的，不同窗口的数据建模优选的模型参数值 f 通常也是不同的。两个参数 b 和 n 必须满足以下不等式：

$$b + n - 1 \leq p \tag{2-41}$$

具体分析流程如图 2-5 所示。

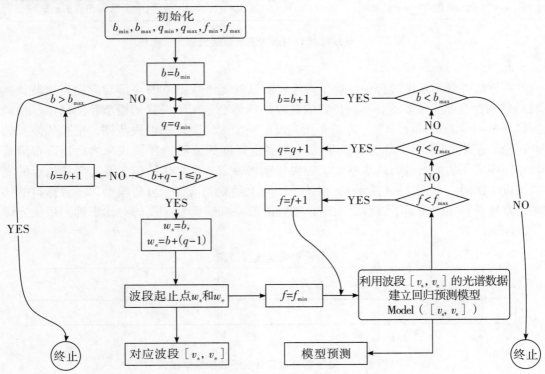

图 2-5　可变移动窗口法（CSMW）的计算流程

CSMW 结合近红外定量分析模型（记为 Model），可以获得模型预测结果（Prediction），该 Model 由 CSMW 算法中组合参数（b，q，f）的取值确定，即 Prediction = Model（b，q，f），具体的参数设置和建模计算过程如下。

（1）针对具体的分析对象，预先设定 b_{min}，b_{max}，q_{min}，q_{max}，f_{min}，f_{max}，其中：

$$\begin{cases} 1 \leqslant b_{min} < b_{max} \leqslant p, \ b_{min}, \ b_{max} \in \mathbf{Z}^+ \\ 1 \leqslant q_{min} < q_{max} \leqslant p, \ q_{min}, \ q_{max} \in \mathbf{Z}^+ \\ f_{min}, \ f_{max} \in \mathbf{Z}^+ \end{cases} \tag{2-42}$$

（2）调试参数 b，q，f 在指定的范围内任意可能的取值组合：

$$\begin{cases} \forall b \in \ \{b_{min} \leqslant b \leqslant b_{max}, \ b \in \mathbf{Z}^+\} \overset{\triangle}{=\!=} B \\ \forall q \in \ \{q_{min} \leqslant q \leqslant q_{max}, \ q \in \mathbf{Z}^+\} \overset{\triangle}{=\!=} Q \\ \forall f \in \ \{f_{min} \leqslant f \leqslant f_{max}, \ f \in \mathbf{Z}^+\} \overset{\triangle}{=\!=} F \end{cases} \tag{2-43}$$

如果满足式（2-41）定义的条件，则计算：

$$\text{Prediction} = \text{Model} \ (b, \ q, \ f) \tag{2-44}$$

得到每一个不同的（b，q，f）取值对应不同的模型预测结果。对于任意一个参数组合（b，q，f），按照 CSMW 的模式建立定量分析模型，计算模型预测结果：

$$\text{Prediction} = \min_{\substack{b \in B \\ q \in Q \\ f \in F}} \text{Model} \ (b, \ q, \ f) \tag{2-45}$$

对比不同的参数取值下的模型结果，从而筛选出最优模型，同时可以确定找到对应的最优建模参数（b_{opt}，q_{opt}，f_{opt}），使得：

$$\text{Prediction}_{opt} = \text{Model} \ (b_{opt}, \ q_{opt}, \ f_{opt}) \tag{2-46}$$

CSMW 建模方式的优点是它除了能够确定最优建模参数组合，还能够以网格化的形式给出所有可能的参数建模结果，从而提供更多的模型优选的可能性。在模型优选的过程中，可以考虑三种不同的选优情况。

（1）针对固定的窗口位置（固定 b 值），可以找到 q 和 f 任意组合的最优模型，为窗口调试中的固定 b 值所对应的最优模型，即固定 $b = b_0$，参数 q 和 f 的取值范围分别如下：

$$\begin{cases} q \in \ \{q_{min} \leqslant q \leqslant \min \ \{q_{max}, \ p - b_0 + 1\}, \ q \in \mathbf{Z}^+\} \overset{\triangle}{=\!=} q_{b_0} \\ f \in F \end{cases} \tag{2-47}$$

针对 b_0 筛选局部最优模型：

$$\text{Model} \ (b_0) = \min_{\substack{q \in q_{b_0} \\ f \in F}} \text{Model} \ (b_0, \ q, \ f) \tag{2-48}$$

同时确定对应的 q_{b_0} 和 f_{b_0} 取值，使得：

$$\text{Prediction}_{opt} \ (b_0) = \text{Model} \ (b_0, \ q_{b_0}, \ f_{b_0}) \tag{2-49}$$

（2）针对固定的窗口大小（固定 q 值），可以找到 b 和 f 任意组合的最优模型，为窗口调试中的固定 q 值所对应的最优模型，即固定 $q = q_0$，参数 b 和 f 的取值范围分别如下：

$$\begin{cases} b \in \ \{b_{min} \leqslant b \leqslant \min \ \{b_{max}, \ p - q_0 + 1\}, \ b \in \mathbf{Z}^+\} \overset{\triangle}{=\!=} b_{q_0} \\ f \in F \end{cases} \tag{2-50}$$

针对 q_0 筛选局部最优模型：

$$\text{Model}\ (q_0) = \min_{\substack{b \in b_{q_0} \\ f \in F}} \text{Model}\ (b,\ q_0,\ f) \qquad (2-51)$$

同时确定对应的 q_{b_0} 和 f_{b_0} 取值，使得：

$$\text{Prediction}_{\text{opt}}\ (q_0) = \text{Model}\ (b_{q_0},\ q_0,\ f_{q_0}) \qquad (2-52)$$

（3）针对固定的窗口参数组合 $(b,\ q) = (b_0,\ q_0)$，参数 f 的取值范围为 $f \in F$，针对 $(b_0,\ q_0)$ 筛选局部最优模型：

$$\text{Model}\ (b_0,\ q_0) = \min_{f \in F} \text{Model}\ (b_0,\ q_0,\ f) \qquad (2-53)$$

从中选择最优建模参数 $f_{\text{opt}} = f_{(b_0, q_0)}$，使得：

$$\text{Prediction}_{\text{opt}} = \text{Model}\ (b_0,\ q_0,\ f_{\text{opt}}) \qquad (2-54)$$

综上，CSMW 方法是基于 MW 模式改进的一种波段选择方法，该方法将定量模型的优选参数融合进来，能够实现快速大规模的模型参数优选，有利于提取少量的高信噪比的近红外光谱波段信息，可以为设计小型专用光谱仪提供依据。

二、离散波长选择

离散波长选择是对近红外光谱数据进行多变量建模分析的关键环节。由于近红外光谱数据是样本物质在多个不同频率的波长上的光谱响应，然而只有部分变量与样本的目标成分含量具有高相关性，因此离散变量选择是基于选择少数变量的假设，希望通过光谱计量学算法的改进和创新，从多个光谱变量中选择具有目标物质成分对应的高信噪比的少数若干个离散波长变量，这些少数离散变量的组合有望提高预测性能，使模型校准方式更可靠，预测精准度更高（Zeaiter et al.，2005）。离散化多变量建模过程可以用（2-55）式来表示：

$$y = f(x) \qquad (2-55)$$

式中，y 为样本目标成分含量，x 为一组已知参考样本的多变量光谱吸光度响应数据。

离散波长变量选择应该在建立定量分析模型之间进行。已经有很多研究工作证明了近红外光谱的离散波长变量选择可以获得更好的预测性能和更好的解释。Yun 等从本质上证实了变量选择对于复杂检测对象的分子振动光谱分析是非常重要的，而且可以获得更好的模型预测性能（Yun et al.，2013）。Zou 等总结了光谱数据中的离散变量选择在一定程度上能够直接反映样本的物理、化学机理和统计学规律（Zou et al.，2010）。实际上，当更关注目标成分时，所对应的若干离散变量应该具备更多该成分的光谱响应信息，非信息性的噪声含量更少（Wang et al.，2011），使得目标成分对应的信息变量能够更快速、更低成本地被提取出来，进而提高模型预测能力，模型得到简化并且具有更好的可解释性。

1. 随机取点法

随机取点法是最基本的离散变量选择方法，即采用随机抽样的方式从全谱段中选择若干离散波长点进行组合。这种方法简单易懂，操作简便，只需要预设所选波长数量 n；但同时它也具有很强的随机性，在多次建模过程中模型效果非常不稳定。如果随机选择的波长点不是目标成分的信息波长，则对应的模型预测结果达不到模型检验和应用的要求，如果所选择的若干波长点所对应的光谱数据存在共线性，则所建立的模型不稳定、不可靠。因此，随机取点法并不是很好的光谱特征波长选择方法。基于此，在随机选择的基础上，结合一定的模型指标的控制，提出一种基于指标极值的光谱特征变量快速匹配方法。

基于指标极值的光谱特征变量快速匹配方法是利用简单的线性模型为光谱校正预测模型挑选有效的特征变量。以朗伯—比尔定律为基础，对近红外光谱变量集合中的每一个变量（波长）建立一元线性回归模型，以模型预测指标极值为目标，选择峰值和谷值所对应的一元特征变量，并进一步寻找与每一个一元特征变量形成最佳匹配的第二变量，组成离散特征变量集合，利用此特征变量集合建立光谱校正模型，能够有效克服简单的线性模型中常出现的光谱共线性问题。具体操作步骤如下。

步骤一，根据朗伯—比尔定律，待测组分的浓度值与其纯光谱的吸光度数据成正比，对光谱的全部变量集合即全谱波长集合中的每一个变量即波长点建立一元线性回归模型；

步骤二，根据模型预测效果绘制模型评价指标曲线，从全谱波长集合中挑选出指标极值对应的若干波长点，从而筛选出若干个离散特征变量（即特征波长），称之为一元特征变量；

步骤三，在一元模型的基础上，寻找与一元特征变量能够达到最佳匹配效果的第二变量（即第二波长），然后，以每一个一元特征变量作为基本变量，将全谱波长集合中的每一个波长与之组合，建立二元模型，根据模型预测指标极大值或极小值挑选出最优的二元模型所对应的第二波长，称之为最佳匹配变量；

步骤四，经过反复实验，选中所有的一元特征变量和最佳匹配变量，去除重复变量以后组成离散特征变量集合。

基于指标极值的光谱特征变量快速匹配方法具有模型简便、计算量少、遴选自由度大等优点，是随机取点方法中的优化设计方案，可以为现代物联网分布式节点监测模式的小型/微型光谱仪器设计提出有效的技术方案。

2. 等间隔取点法

利用现代仪器进行光谱测定时，所形成光谱的数据可辨别度是由仪器分辨率来决定的。在指定的光谱检测全谱段中，分辨率越高，对应所获得的光谱数据点就越多。然而对于样本的成分分析而言，并不是分辨率越高越好。太高的分辨率有可能会造成目标成分的光谱响应信息被多个光谱波长点分配承载，这将导致后期光谱定标模型的计算复杂度升高，模型预测能力随之受到影响。反之，如果分辨率过低，则所识别出来的单个波长点会同时包含信息数据和干扰数据，最终导致模型预测能力下降。因此，一个合适的光谱分辨率对于光谱分析模型性能的提升具有重要的影响。面对这种仪器系统所形成的数据噪声干扰，在仪器参数方面可以做的调整非常有限，需要在光谱计量学研究中设计出一种能够模拟分辨率调整的有效算法。

等间隔取点法是一种模拟分辨率按其约数调整的离散波长变量提取方法。它依据"准连续"的概念，在选择第一个波长点之后，对于后续相邻的指定数量的波长不做选择，以跳跃数据点的方式选择具有相同波长点数量间隔的目标波长组合，利用这个数据组合进行光谱建模分析（陈华舟，2011；Chen et al.，2014b）。因光谱数据是按照设定的仪器分辨率进行获取，这种等间隔"跳跃选择"的方式实际上是模拟分辨率下调的模式，所形成的波长组合建模效果相当于分辨率按约数下调的光谱测量数据结果。该方法的优点在于，能够快速测试多种离散波长组合的建模效果，降低模型复杂度；但其缺点是容易忽略未入选波长点的信息损耗（Pan et al.，2013；Liu et al.，2013）。为了克服该缺点，等间隔取点法往往和移动窗口方法结合运用，便于对多种既定规则的离散波长的选取进行组合建模，进而评价模型性能。

等间隔移动窗口取点法是利用一个大小可变的窗口，在全谱段范围内的不同位置进行信息搜索，在窗口内等间隔地提取不同数量的波长点，采用这些点上的光谱数据离散组合建立光谱定量分析模型。该方法需要调整三个参数：位置定位波长（b）、窗口内取点数量（n）、取点间隔（g）。三个参数的调试需要将它们规限在一定的取值范围内，可以根据研究对象的不同进行预设；针对（b，n，g）的不同取值，所获取的等间隔离散波长组合是不同的，相应的模型预测效果也不同。同时，三个参数（b，n，g）受到全谱段波长总数量的约束，即：

$$\begin{cases} b_{\min} \leqslant b \leqslant b_{\max}, \ b_{\min}, \ b_{\max} \in \mathbf{Z}^+ \\ n_{\min} \leqslant n \leqslant n_{\max}, \ n_{\min}, \ n_{\max} \in \mathbf{Z}^+ \\ g_{\min} \leqslant g \leqslant g_{\max}, \ g_{\min}, \ g_{\max} \in \mathbf{Z}^+ \end{cases} \tag{2-56}$$

$$b + (n-1)g \leqslant p \tag{2-57}$$

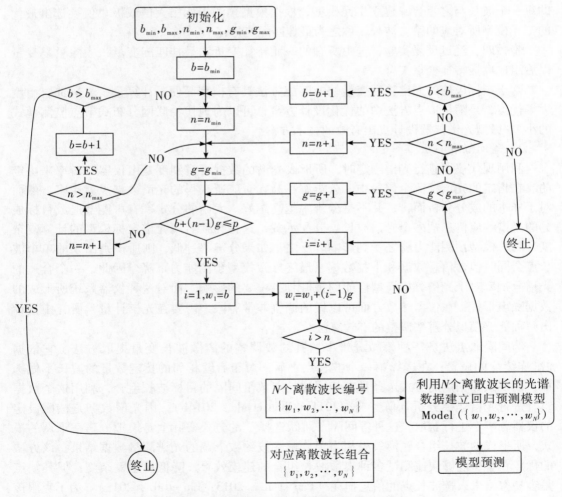

图 2-6 等间隔移动窗口取点法的算法流程

等间隔移动窗口取点法的建模预测效果受到三个参数不同取值的影响，因此可以看作是三个模型参数 (b, n, g) 的函数。算法流程如图 2 - 6 所示，具体的参数设置和建模计算过程如下。

根据研究对象，设置满足（2 - 56）式要求的 $b_{\min}$，$b_{\max}$，$n_{\min}$，$n_{\max}$，$g_{\min}$，$g_{\max}$，对于参数 (b, n, g) 的任意组合：

$$\begin{cases} \forall b \in \{b_{\min} \leqslant b \leqslant b_{\max}, \ b \in \mathbf{Z}^+\} \overset{\triangle}{=\!=\!=} B \\ \forall n \in \{n_{\min} \leqslant n \leqslant n_{\max}, \ n \in \mathbf{Z}^+\} \overset{\triangle}{=\!=\!=} N \\ \forall g \in \{g_{\min} \leqslant g \leqslant g_{\max}, \ g \in \mathbf{Z}^+\} \overset{\triangle}{=\!=\!=} G \end{cases} \tag{2-58}$$

判断每一次取值是否满足（2 - 57）式的 (b, n, g) 组合取值，若满足，则计算：

$$\text{Prediction} = \text{Model}\ (b, n, g) \tag{2-59}$$

从而得到参数 (b, n, g) 的每一个取值组合，分别建立等间隔移动窗口取点模型 Model (b, n, g)，结合具体的光谱定量回归方法建立分析模型，计算得到所对应的预测结果 Prediction：

$$\text{Prediction} = \min_{\substack{b \in B \\ n \in N \\ g \in G}} \text{Model}\ (d, n, g) \tag{2-60}$$

对比不同的参数取值下的模型结果，从而筛选出最优模型，同时可以确定找到对应的最优建模参数 $(b_{\text{opt}}, n_{\text{opt}}, g_{\text{opt}})$，使得：

$$\text{Prediction}_{\text{opt}} = \text{Model}\ (b_{\text{opt}}, n_{\text{opt}}, g_{\text{opt}}) \tag{2-61}$$

等间隔移动窗口取点建模方式的优点是它除了能够确定最优建模参数组合，还能够以网格化的形式给出所有可能的参数建模结果，从而提供了更多的模型优选的可能性。在模型优选的过程中，可以分别考虑以下 6 种情况的局部最优模型。

（1）对于任意固定的 $b = b_0$，参数 n 和 g 的取值范围分别如下：

$$n \in \left\{ n_{\min} \leqslant n \leqslant \min \left\{ n_{\max}, \frac{p - b_0}{g_{\min}} + 1 \right\}, \ n \in \mathbf{Z}^+ \right\} \overset{\triangle}{=\!=\!=} N_{b_0} \tag{2-62}$$

$$g \in \left\{ g_{\min} \leqslant g \leqslant \min \left\{ g_{\max}, \frac{p - b_0}{n - 1} \right\}, \ g \in \mathbf{Z}^+ \right\} \overset{\triangle}{=\!=\!=} G_{b_0} \tag{2-63}$$

针对 b_0 筛选局部最优模型：

$$\text{Prediction}(b_0) = \min_{\substack{n \in N_{b_0} \\ g \in G_{b_0}}} \text{Model}\ (b_0, n, g) \tag{2-64}$$

同时可以找到对应的 n_{b_0} 和 g_{b_0}，使得：

$$\text{Prediction}(b_0) = \text{Model}\ (b_0, n_{b_0}, g_{b_0}) \tag{2-65}$$

（2）对于任意固定的 $n = n_0$，参数 b 和 g 的取值范围分别如下：

$$b \in \{b_{\min} \leqslant b \leqslant \min \{b_{\max}, \ p - (n_0 - 1)g_{\min}\}, \ b \in \mathbf{Z}^+\} \overset{\triangle}{=\!=\!=} B_{n_0} \tag{2-66}$$

$$g \in \left\{ g_{\min} \leqslant g \leqslant \min \left\{ g_{\max}, \frac{p - b}{n_0 - 1} \right\}, \ g \in \mathbf{Z}^+ \right\} \overset{\triangle}{=\!=\!=} G_{n_0} \tag{2-67}$$

针对 n_0 筛选局部最优模型：

$$\text{Prediction}(n_0) = \min_{\substack{b \in B_{n_0} \\ g \in G_{n_0}}} \text{Model}(b, \ n_0, \ g) \tag{2-68}$$

同时可以找到对应的 b_{n_0} 和 g_{n_0}，使得：

$$\text{Prediction}(n_0) = \text{Model}(b_{n_0}, \ n_0, \ g_{n_0}) \tag{2-69}$$

（3）对于任意固定的 $g = g_0$，参数 b 和 n 的取值范围分别如下：

$$b \in \{ b_{\min} \leqslant b \leqslant \min \{ b_{\max}, \ p - (n_{\min} - 1)g_0 \}, \ b \in \mathbf{Z}^+ \} \overset{\triangle}{=\!=} B_{g_0} \tag{2-70}$$

$$n \in \left\{ n_{\min} \leqslant n \leqslant \min \left\{ n_{\max}, \ \frac{p - b}{g_0} + 1 \right\}, \ n \in \mathbf{Z}^+ \right\} \overset{\triangle}{=\!=} N_{g_0} \tag{2-71}$$

针对 g_0 筛选局部最优模型：

$$\text{Prediction}(g_0) = \min_{\substack{b \in B_{g_0} \\ n \in N_{g_0}}} \text{Model}(b, \ n, \ g_0) \tag{2-72}$$

同时可以找到对应的 b_{g_0} 和 n_{g_0}，使得：

$$\text{Prediction}(g_0) = \text{Model}(b_{g_0}, \ n_{g_0}, \ g_0) \tag{2-73}$$

（4）对于任意固定的 $(b, \ n) = (b_0, \ n_0)$，参数 g 的取值范围分别如下：

$$g \in \{ g_{\min} \leqslant g \leqslant g_{\max}, \ b_0 + (n_0 - 1)g \leqslant p, \ g \in \mathbf{Z}^+ \} \overset{\triangle}{=\!=} G_{(b_0, \ n_0)} \tag{2-74}$$

针对 $(b_0, \ n_0)$ 筛选局部最优模型：

$$\text{Prediction}(b_0, \ n_0) = \min_{g \in G_{(b_0, \ n_0)}} \text{Model}(b_0, \ n_0, \ g) \tag{2-75}$$

同时可以找到对应的 $g_{(b_0, \ n_0)}$，使得：

$$\text{Prediction}(b_0, \ n_0) = \text{Model}(b_0, \ n_0, \ g_{(b_0, \ n_0)}) \tag{2-76}$$

（5）对于任意固定的 $(b, \ g) = (b_0, \ g_0)$，参数 n 的取值范围分别如下：

$$n \in \{ n_{\min} \leqslant n \leqslant n_{\max}, \ b_0 + (n - 1)g_0 \leqslant p, \ n \in \mathbf{Z}^+ \} \overset{\triangle}{=\!=} N_{(b_0, \ g_0)} \tag{2-77}$$

下面针对 $(b_0, \ g_0)$ 筛选局部最优模型：

$$\text{Prediction}(b_0, \ g_0) = \min_{n \in N_{(b_0, \ g_0)}} \text{Model}(b_0, \ n_0, \ g_0) \tag{2-78}$$

同时可以找到对应的 $n_{(b_0, \ g_0)}$，使得：

$$\text{Prediction}(b_0, \ g_0) = \text{Model}(b_0, \ n_{(b_0, \ g_0)}, \ g_0) \tag{2-79}$$

（6）对于任意固定的 $(n, \ g) = (n_0, \ g_0)$，参数 N 的取值范围分别如下：

$$b \in \{ b_{\min} \leqslant b \leqslant b_{\max}, \ b + (n_0 - 1)g_0 \leqslant p, \ b \in \mathbf{Z}^+ \} \overset{\triangle}{=\!=} B_{(n_0, \ g_0)} \tag{2-80}$$

下面针对 $(n_0, \ g_0)$ 筛选局部最优模型：

$$\text{Prediction}(n_0, \ g_0) = \min_{b \in B_{(n_0, \ g_0)}} \text{Model}(b, \ n_0, \ g_0) \tag{2-81}$$

同时可以找到对应的 $b(n_0, \ g_0)$，使得：

$$\text{Prediction}(n_0, \ g_0) = \text{Model}(b_{(n_0, \ g_0)}, \ n_0, \ g_0) \tag{2-82}$$

综上，等间隔移动窗口取点法在窗口模式下进行等间隔选点操作，随着窗口在全谱段光谱范围内搜索，结合定量模型的参数优选，能够实现快速大规模信息波长筛选，有利于提取离散波长组合进行建模，是光谱特征筛选的一种重要手段，可以为设计小型专用光谱仪提供算法依据。

三、特征进化优选

近红外光谱特征变量的选择不仅限于在原变量集合中选取信息变量，更重要的是要提取变量中包含的有效信息，部分信息是显性的，如化学键基团的近红外光谱峰值，这类信息可以通过识别光谱峰值或者利用简单的叠加计算获取；另外有部分信息是隐性的，这类信息不能够通过简单的光谱叠加找到，需要利用一些群体训练方法进行提取。

群体训练方法起源于自然界生物群体基于生存法则的自发行为，将动物群体行为抽象称为特征进化理论，从而提出了一系列的群体训练进化算法（赵玉新等，2013）；随着智能化技术的发展，这些群体训练算法已经逐渐被应用于近红外光谱分析过程（Arslan et al.，2019）。群体训练方法的应用有很多，例如，Sorol 等通过对甘蔗糖度的近红外光谱分析，特别对比研究了多种进化算法的优势，表明粒子群算法和遗传算法在经典的偏最小二乘回归优化中取得很好的预测效果（Sorol et al.，2010）。邹小波团队提出蚁群算法融合区间偏最小二乘法的组合方法，有效地为植物种的花青素含量的测定选取了近红外特征子波段（黄晓玮等，2014）。Kawamura 等利用遗传算法为近红外偏最小二乘建模选择最佳波段，对农业土壤的可提取磷含量进行预测（Kawamura et al.，2019）。

普通的群体训练方法在面对复杂问题时通常会陷入局部优化状态，而且迭代求解法总是依赖于初始值的选取。因此，专注于近红外光谱分析的群体训练算法的自适应优化设计是完成光谱特征选择的有效途径。下面分别对遗传算法、差分进化算法、灰狼优化算法和萤火虫算法进行光谱特征波长组合优选的算法设计。

1. 遗传算法波长组合优选

遗传算法（Genetic Algorithm，GA）是基于自然进化和选择原理的一种全局搜索和优化的方法（Wilson，1997）。GA 可以在复杂的多维空间中找到全局最优解。在 GA 中，每代的种群个体可以通过选择、交叉和变异操作，使较优的子代种群个体代替较差的父代种群个体。GA 在重复此过程时，只有在满足预设的迭代数目和预测精度时才会停止。最终输出的种群个体为最佳的参数组。GA 的实现步骤如下。

步骤一，基于每个种群个体建立训练模型，计算个体的目标函数值并进行比较。选择合适的个体产生下一代的个体，从而以较高的预测精度提高性能。同时所选的变量通过交叉和变异进行下一步的操作。

步骤二，通过对所选个体之间进行交叉可用变量生成修改后的种群个体，或者通过很小的概率使得每个变量变异产生修改后的种群个体。

步骤三，选择的种群个体和修改的种群个体可用于形成新的种群总体，并将其视为步骤一的输入。

步骤四，重复步骤一至三以进行迭代计算，从而生成几个新的总体。当到达最大迭代数目和误差精度的要求时，最后生成的总体被认为是最优的参数组。

利用 GA 对非线性方法的建模参数进行优化，得到较优的参数运用到模型中。GA 的参数优化流程如图 2-7 所示。

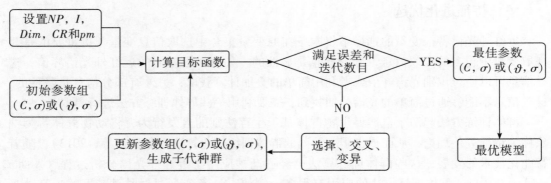

图 2-7　GA 的参数优化流程

2.　差分进化算法波长组合优选

差分进化算法（Differential Evolution，DE）的变异个体是经过父代个体进行差分计算生成的。DE 能够储存种群内最优解和信息共享的随机搜索方法（Price et al.，2005）。DE 在差分简单变异操作和一对一的竞争生存策略下，可以降低遗传操作的复杂性，同时提高全局收敛能力。DE 的实现步骤如下。

步骤一，基于每个种群个体建立训练模型，计算个体的目标函数值并进行比较。

步骤二，$l+1$ 代种群的突变个体 V_i^{l+1} 由第 l 代种群的最佳个体和两个不同的种群个体生成，如下所示：

$$V_i^{l+1} = (C, \sigma)_{best}^l + F1 \cdot [(C, \sigma)_{r_1}^l - (C, \sigma)_{r_2}^l], \ r_1 \neq r_2 \qquad (2-83)$$

式中，F1 是缩放因子，V_i^{l+1} 是变异的种群个体，$(C, \sigma)_i^l$ 表示第 l 代参数群中第 i 个种群个体，r_1 和 r_2 是两两互不相同的随机指标且 i，r_1，$r_2 \in [1, NP]$。

步骤三，将初始种群个体 $(C, \sigma)_i^l$ 和变异个体 V_i^{l+1} 进行交叉，生成 $l+1$ 代交叉个体 $U_{j,i}^{l+1}$：

$$U_{j,i}^{l+1} = \begin{cases} V_{j,i}^{l+1}, & \text{if } rand(0, 1) \leqslant CR \text{ or } j = j_{rand} \\ (C, \sigma)_{j,i}^l, & \text{otherwise} \end{cases} \quad j_{rand} = 1, 2, \cdots, Dim \qquad (2-84)$$

式中，Dim 为种群维度。

步骤四，将初始种群个体 $(C, \sigma)_i^l$ 和交叉个体 $U_{j,i}^{l+1}$ 进行比较，得到 $l+1$ 代 $(C, \sigma)_i^{l+1}$：

$$(C, \sigma)_i^{l+1} = \begin{cases} U_{j,i}^{l+1}, & \text{if } f(U_{j,i}^{l+1}) \leqslant f((C, \sigma)_i^l) \\ (C, \sigma)_i^l, & \text{otherwise} \end{cases} \qquad (2-85)$$

步骤五，满足迭代的要求时，生成的个体为最优的参数组。否则，把 $l+1$ 代的 (C, σ) 作为步骤一的输入，继续进行迭代。

利用 DE 对非线性方法的建模参数进行优化，得到较优的参数运用到模型中。DE 的参数优化流程与 GA 类似，但与遗传算法不同的是，DE 中变异个体的获取不是从父代个体选优，而是通过父代个体的差分计算进化而得到。

3.　灰狼优化算法波长组合优选

灰狼优化算法（Grey Wolf Optimizer，GWO）是模拟灰狼狼群的等级机制和狩猎的一种智能优化方法，通过搜索、包围和追捕过程来实现优化搜索的目的（Mirjalili et al.，2014）。GWO 具有调节的建模参数少、结构简单且容易实现等特点。GWO 模仿了狼群的领导等级制度，把整个狼群的狼从高到低分为 4 个类型：α、β、δ、ω。α 是狼群的最优解；β 为狼群的次优解；δ 为狼群的第三优解；ω 为狼群的候选解，它们围绕着 α、β 或 δ 来更新位置。

在狩猎过程中，灰狼种群包围猎物的位置更新公式如下：

$$D = \mid C \cdot X_p(t) - X(t) \mid \tag{2-86}$$

$$X(t+1) = X_p(t) - A \cdot D \tag{2-87}$$

式中，D 表示狼群与猎物之间的距离，$X(t+1)$ 是当前灰狼更新后的位置。t 为当前迭代次数；X_p 为猎物所在位置；X 为当前狼群所在位置；A 和 C 是系数，分别为收敛因子和摆动因子，可定义为：

$$A = 2a \cdot r_1 - a \tag{2-88}$$

$$C = 2 \cdot r_2 \tag{2-89}$$

式中，r_1 和 r_2 为 [0, 1] 之间的随机数，a 为距离控制参数，随着次数增加从 2 线性地减少到 0，即：

$$a = 2 - \frac{2t}{t_{\max}} \tag{2-90}$$

式中，$t_{\max}$ 为最大迭代次数。

假设以 α、β 和 δ 狼的位置来确定猎物位置，即它们的位置为全局最优解、次优解和第三优解，当灰狼种群辨认出猎物的最新位置时，α 带领 β 和 δ 进行追捕行为，然后更新三者自身的位置，更新位置的公式如下：

$$\begin{cases} D_\alpha = \mid C_1 \cdot X_\alpha(t) - X(t) \mid \\ D_\beta = \mid C_2 \cdot X_\beta(t) - X(t) \mid \\ D_\delta = \mid C_3 \cdot X_\delta(t) - X(t) \mid \end{cases} \tag{2-91}$$

式中，D_α、D_β 和 D_δ 分别代表着 α、β 和 δ 与猎物（最优解）的距离，X_α、X_β 和 X_δ 分别是 α、β 和 δ 的当前位置，C_1、C_2 和 C_3 是随机数，X 为当前灰狼的位置。通过三者的距离计算出猎物（最优解）的最终位置，公式如下：

$$\begin{cases} X_1 = X_\alpha - A_1 \cdot (D_\alpha) \\ X_2 = X_\beta - A_2 \cdot (D_\beta) \\ X_3 = X_\delta - A_3 \cdot (D_\delta) \end{cases} \tag{2-92}$$

$$X(t+1) = \frac{X_1 + X_2 + X_3}{3} \tag{2-93}$$

式中，t 为当前迭代次数，X_1、X_2 和 X_3 分别代表 α 狼、β 狼、δ 狼对 ω 指导后更新的位置，A_1、A_2 和 A_3 为随机数，$X(t+1)$ 代表子代灰狼最终的寻优位置。

GWO 的参数优化流程如图 2-8 所示。利用 GWO 对非线性方法的建模参数进行优化，为近红外定量分析模型搜索最优参数。

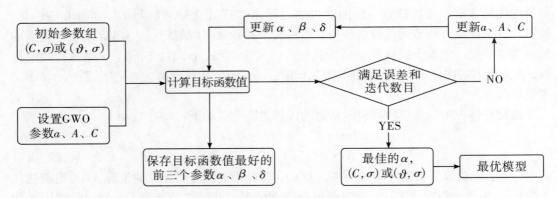

图 2-8　GWO 的参数优化流程

4. 萤火虫算法波长组合优选

萤火虫算法（Firefly Algorithm，FA）是根据萤火虫个体自身发光亮度的特性表现来实现相互吸引和相互通信的一种优化算法（Yang，2008）。通过多次迭代，所有萤火虫的个体会汇聚在亮度值最高的个体附近，达到全局寻优的目的。FA 包含两个重要的参数：自身亮度和吸引力。亮度的大小可以反映萤火虫的优劣，亮度大的萤火虫会吸引亮度小的萤火虫向其靠近，同时吸引力也会影响到萤火虫的移动距离。FA 的计算基于三个假设：

（1）所有萤火虫无雌雄之分，即任何萤火虫都会被更好（更亮）的吸引。

（2）萤火虫的吸引力与其亮度成正比，对任意两只萤火虫，较差（较暗）的萤火虫会被吸引，向较好（较亮）的移动，较好（较亮）的萤火虫则随机移动。吸引力和距离成反比例，随着萤火虫之间的距离增加，吸引力会逐渐减小。

（3）萤火虫的亮度与目标函数有关，萤火虫越亮，对应的目标函数值就会越好。

假设空间中任意两只萤火虫为变量 p 和 q，其位置坐标是 n 维向量 $x_q=(x_{q1},x_{q2},\cdots,x_{qn})$ 和 $x_p=(x_{p1},x_{p2},\cdots,x_{pn})$。若萤火虫 p 的亮度 I_p 大于萤火虫 q 的亮度 I_q，则萤火虫 p 被萤火虫 q 吸引而向 q 移动，吸引力 β_{pq} 可表示为：

$$\beta_{pq}=\beta_0 e^{-\vartheta\gamma_{pq}^2} \tag{2-94}$$

式中，β_0 为萤火虫之间距离为 0 时的吸引力，ϑ 为光强吸引系数，γ_{pq} 为萤火虫 p 和萤火虫 q 之间的距离。

萤火虫 p 与萤火虫 q 之间的距离定义如下：

$$\gamma_{pq}=\parallel V_p-V_q \parallel=\sqrt{\sum_{s=1}^{d}(V_{p,s}-V_{q,s})^2} \tag{2-95}$$

式中，d 为个体萤火虫的坐标维度，$V_{p,s}$ 和 $V_{q,s}$ 分别是空间坐标 V_p 和 V_q 第 s 维分量。

萤火虫 p 在吸引力 β_{pq} 的作用下向萤火虫 q 移动，其位置更新公式如下：

$$V'_p=V_p+\beta_0 e^{-\vartheta\gamma_{pq}^2}\cdot(V_p-V_q)+\alpha(rand-\frac{1}{2}) \tag{2-96}$$

式中，α 为步长系数，$rand$ 为 0 到 1 之间的随机数。

利用 FA 对非线性方法的建模参数进行优化，得到较优的参数运用到模型中。FA 的参数优化流程如图 2-9 所示。

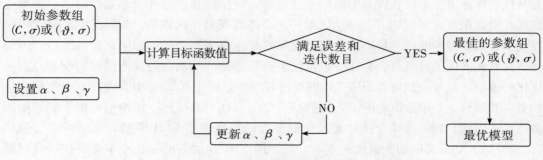

图 2-9 FA 的参数优化流程

第四节 定量建模分析方法

一、线性方法

1. 多元线性回归法

多元线性回归法（Multiple Linear Regression，MLR）研究的是目标变量 y 与多个回归变量 x_1，x_2，$\cdots$，x_n 的关系，是光谱分析中的一种使用非常广泛的定标方法（于秀林，1993）。MLR 只要求已知定标样品待测组分的含量值，选择若干个光谱点的吸光度值与该组分含量进行线性回归即可得到定标模型的回归系数，利用回归系数，对预测样品集的样品组分含量进行预测，进而计算预测误差和相关系数。

对于定标样品集，设 x_{i1}，x_{i2}，$\cdots$，x_{ip} 分别为第 i 个样品在第 1，2，$\cdots$，p 个光谱点的吸光度，其待测组分含量为 y_i，则有：

$$y_i = b_0 + b_1 x_{i1} + \cdots + b_p x_{ip} + e_i, \quad i = 1, 2, \cdots, n \tag{2-97}$$

其矩阵形式为 $Y = XB + E$，其中：

$$X = \begin{bmatrix} 1 & x_{11} & x_{12} & \cdots & x_{1p} \\ 1 & x_{21} & x_{22} & \cdots & x_{2p} \\ \vdots & \vdots & \vdots & \ddots & \vdots \\ 1 & x_{n1} & x_{n2} & \cdots & x_{np} \end{bmatrix}, \quad Y = \begin{bmatrix} y_1 \\ y_2 \\ \vdots \\ y_n \end{bmatrix}, \quad B = \begin{bmatrix} b_0 \\ b_1 \\ b_2 \\ \vdots \\ b_p \end{bmatrix}, \quad E = \begin{bmatrix} e_1 \\ e_2 \\ \vdots \\ e_n \end{bmatrix} \tag{2-98}$$

这里 Y 为待测组分含量矩阵，X 为光谱矩阵，B 为回归系数，E 为回归误差，n 为定标样品个数，p 为参与回归的光谱点个数。

回归系数 B 由最小二乘法确定：

$$B = (X^T X)^{-1} X^T Y \tag{2-99}$$

利用预测集样品在第 1，2，$\cdots$，p 个光谱点的吸光度 X_P，结合回归系数 B，对预测集样品的组分含量进行预测：

$$\hat{Y}_P = X_P B \tag{2-100}$$

在光谱分析中运用 MLR 方法，关键在于如何从高维的光谱数据中筛选出低维的能够充分代表样品信息的波长点参与回归，这跟研究对象的物理特性有着必然联系。如果选取的光谱数据点太多，MLR 模型引入噪声，会降低模型预测效果；如果选取的光谱数据点太少，则模型中的信息量不够，模型预测效果也得不到提高；如果选用的波长点不是该研究对象的信息波长点，会在一定程度上降低模型的预测能力，所得到的模型并不是优化的模型。此外，如何克服回归中的光谱共线性问题一直都是 MLR 在光谱分析中应用的重点和难点，如果选取的若干光谱数据点之间存在着共线性，该模型也得不到好的预测效果。因此，如何选择合适的波长变量参与回归是建立 MLR 模型的关键所在（陈华舟，2011）。如果选取的光谱数据点不合适，用作 MLR 回归的波长点不是特定研究对象的信息波长点，或者选用的波长点光谱之间具有共线性，模型预测效果就很难得到提高。假设某研究对象的最高信噪比的 MLR 模型是三个波长点离散光谱模型，即：

$$
X = \begin{bmatrix} 1 & x_{11} & x_{12} & \hat{x}_{13} \\ 1 & x_{21} & x_{22} & \hat{x}_{23} \\ \vdots & \vdots & \vdots & \vdots \\ 1 & x_{n1} & x_{n2} & \hat{x}_{n3} \end{bmatrix}, \quad Y = \begin{bmatrix} y_1 \\ y_2 \\ \vdots \\ y_n \end{bmatrix}, \quad B = \begin{bmatrix} b_0 \\ b_1 \\ b_2 \\ b_3 \end{bmatrix}, \quad E = \begin{bmatrix} e_1 \\ e_2 \\ \vdots \\ e_n \end{bmatrix} \quad (2-101)
$$

根据最小二乘法可以确定 $B = (X^T X)^{-1} X^T Y$，即：

$$
\begin{bmatrix} b_0 \\ b_1 \\ b_2 \\ b_3 \end{bmatrix} = \left(\begin{bmatrix} 1 & 1 & \cdots & 1 \\ x_{11} & x_{21} & \cdots & x_{n1} \\ x_{12} & x_{22} & \cdots & x_{n2} \\ \hat{x}_{13} & \hat{x}_{23} & \cdots & \hat{x}_{n3} \end{bmatrix} \begin{bmatrix} 1 & x_{11} & x_{12} & \hat{x}_{13} \\ 1 & x_{21} & x_{22} & \hat{x}_{23} \\ \vdots & \vdots & \vdots & \vdots \\ 1 & x_{n1} & x_{n2} & \hat{x}_{n3} \end{bmatrix} \right)^{-1} \begin{bmatrix} 1 & 1 & \cdots & 1 \\ x_{11} & x_{21} & \cdots & x_{n1} \\ x_{12} & x_{22} & \cdots & x_{n2} \\ \hat{x}_{13} & \hat{x}_{23} & \cdots & \hat{x}_{n3} \end{bmatrix} \begin{bmatrix} y_1 \\ y_2 \\ \vdots \\ y_n \end{bmatrix}
$$

$$(2-102)$$

可见，所得回归系数与用于回归的三个点的光谱数据有关，进而计算预测集样品的预测值：

$$
\hat{Y}_P = X_P B = \begin{bmatrix} 1 & x_{11}^P & x_{12}^P & x_{13}^P \\ 1 & x_{21}^P & x_{22}^P & x_{23}^P \\ \vdots & \vdots & \vdots & \vdots \\ 1 & x_{m1}^P & x_{m2}^P & x_{m3}^P \end{bmatrix} \begin{bmatrix} b_0 \\ b_1 \\ b_2 \\ b_3 \end{bmatrix}
$$

$$
= \begin{bmatrix} 1 & x_{11}^P & x_{12}^P & x_{13}^P \\ 1 & x_{21}^P & x_{22}^P & x_{23}^P \\ \vdots & \vdots & \vdots & \vdots \\ 1 & x_{m1}^P & x_{m2}^P & x_{m3}^P \end{bmatrix} \times \left(\begin{bmatrix} 1 & 1 & \cdots & 1 \\ x_{11} & x_{21} & \cdots & x_{n1} \\ x_{12} & x_{22} & \cdots & x_{n2} \\ \hat{x}_{13} & \hat{x}_{23} & \cdots & \hat{x}_{n3} \end{bmatrix} \begin{bmatrix} 1 & x_{11} & x_{12} & \hat{x}_{13} \\ 1 & x_{21} & x_{22} & \hat{x}_{23} \\ \vdots & \vdots & \vdots & \vdots \\ 1 & x_{n1} & x_{n2} & \hat{x}_{n3} \end{bmatrix} \right)^{-1} \times
$$

$$
\begin{bmatrix} 1 & 1 & \cdots & 1 \\ x_{11} & x_{21} & \cdots & x_{n1} \\ x_{12} & x_{22} & \cdots & x_{n2} \\ \hat{x}_{13} & \hat{x}_{23} & \cdots & \hat{x}_{n3} \end{bmatrix} \begin{bmatrix} y_1 \\ y_2 \\ \vdots \\ y_n \end{bmatrix} \quad (2-103)
$$

由此可见，预测集样品的浓度预测值与 X 矩阵所选用的波长点有密切的关系，如果选用的波长点过多或过少，或者不是该研究对象的信息波长点，则会在一定程度上降低模型的预测能力；如果选择的波长点并不是信息波长点，其预测能力也会下降。因此，如何选择适当的波长变量参与回归，是多元线性回归在光谱波长选择中的关键所在。

2. 主成分回归法

主成分回归法（Principal Components Regression，PCR）是采用多元统计中的主成分分析方法。先对混合物光谱两侧矩阵 X 进行分解，然后选取其中的主成分数来进行多元线性回归分析。（袁洪福、陆婉珍，1998；Feudale et al.，2002）PCR 的中心目的是将数据降维，将原变量进行变换，使数目较少的新变量成为原变量的线性组合，而且新变量表现了原变量的数据结构的绝大部分特征。主成分回归可以克服红外光谱数据间的共线性问题。它对用于建模的波长数量没有限制，可以使用整体量测数据，以充分利用数据信息。主成分能按所包含的信息量的多少进行排序，可以通过主成分个数的选择，有效地滤除噪声。用于复杂分析体系时，不需要知道干扰组分的存在就可以预测被测组分。

PCR 的基本思想是先求出样品光谱的主成分，再建立样品组分含量（浓度）与主成分的线性关系模型，并用所建模型来预测未知样品的组分含量。PCR 充分利用了样品光谱所提供的信息，是一种全光谱校正方法，可分为两步：①确定主成分数，用主成分分析将光谱矩阵降维，得到主成分矩阵；②多元回归分析，用主成分分析的得分矩阵进行回归分析，结合标定的标准数据求出回归系数，建模并进行预测。

3. 偏最小二乘法

偏最小二乘法（Partial Least Squares，PLS）是光谱分析中应用最为广泛的模型定标方法。它不但很好地解决了普遍多元线性回归难以解决的共线性难题，而且解决了主成分分析只对光谱矩阵分解消除噪声的缺点（Wold et al.，2001）。它能对光谱矩阵 X 和浓度矩阵 Y 同时分解，有效地利用了光谱信息，极大地提高了模型预测能力。PLS 建立两个数据矩阵 X 和 Y 的关系或模型，其中矩阵 X 是由多因素数据构成的，Y 可以由多目标数据构成。PLS 的具体计算过程如下：

$$X = TP + E \tag{2-104}$$

$$Y = UQ + F \tag{2-105}$$

$$U = TB \tag{2-106}$$

$$B = (X^T X)^{-1} X^T Y \tag{2-107}$$

$$Y_{未知} = T_{未知} BQ \tag{2-108}$$

式中，T 和 U 分别为 X 和 Y 矩阵的得分矩阵，P 和 Q 分别为 X 和 Y 矩阵的载荷矩阵，先求出 P 然后求出 $X_{未知}$ 矩阵的 $T_{未知}$，就可以得到预测浓度值。

近红外光谱分析中的 PLS 模型首先把所有这些特征变量经线性组合变换成两两正交的矢量。这些正交的矢量就没有信息重叠部分，因为它们之间的相关系数为 0，然后再把这些正交矢量按与目标变量的相关性大小排序，与目标变量相关性大的矢量排在前面，逐次小的排在后面，这样最后面的矢量与目标的相关性最小，那些小到一定程度的矢量，被认为包含较多噪声成分，因此考虑除去（Kramer et al.，2008）。已知光谱矩阵 X 和待测目标成分向量 Y：

$$X = \begin{bmatrix} 1 & x_{11} & x_{12} & \cdots & x_{1p} \\ 1 & x_{21} & x_{22} & \cdots & x_{2p} \\ \vdots & \vdots & \vdots & \ddots & \vdots \\ 1 & x_{n1} & x_{n2} & \cdots & x_{np} \end{bmatrix}, \quad Y = \begin{bmatrix} y_1 \\ y_2 \\ \vdots \\ y_n \end{bmatrix} \qquad (2-109)$$

PLS 的基本计算过程可分解为（王惠文等，2006）：

步骤一，计算权值变换系数 W：

$$Y^T Y = \begin{bmatrix} y_1 & y_2 & \cdots & y_n \end{bmatrix} \begin{bmatrix} y_1 \\ y_2 \\ \vdots \\ y_n \end{bmatrix} = c \qquad (2-110)$$

$$W = X^T Y/(Y^T Y) = X^T Y/c = \frac{1}{c} = \begin{bmatrix} 1 & 1 & \cdots & 1 \\ x_{11} & x_{21} & \cdots & x_{n1} \\ x_{12} & x_{22} & \cdots & x_{n2} \\ \vdots & \vdots & \ddots & \vdots \\ x_{1p} & x_{2p} & \cdots & x_{np} \end{bmatrix} \begin{bmatrix} y_1 \\ y_2 \\ \vdots \\ y_n \end{bmatrix} \qquad (2-111)$$

步骤二，对 W 进行规范化：

$$\widetilde{W} = W/\|W\| \qquad (2-112)$$

步骤三，计算 X 的得分矢量 T：

$$T = X\widetilde{W} = XW/\|W\| = \frac{1}{c\|W\|} \begin{bmatrix} 1 & x_{11} & x_{12} & \cdots & x_{1p} \\ 1 & x_{21} & x_{22} & \cdots & x_{2p} \\ \vdots & \vdots & \vdots & \ddots & \vdots \\ 1 & x_{n1} & x_{n2} & \cdots & x_{np} \end{bmatrix} \begin{bmatrix} 1 & 1 & \cdots & 1 \\ x_{11} & x_{21} & \cdots & x_{n1} \\ x_{12} & x_{22} & \cdots & x_{n2} \\ \vdots & \vdots & \ddots & \vdots \\ x_{1p} & x_{2p} & \cdots & x_{np} \end{bmatrix} \begin{bmatrix} y_1 \\ y_2 \\ \vdots \\ y_n \end{bmatrix}$$

$$(2-113)$$

步骤四，T 对 Y 回归：

$$T^T T = d \qquad (2-114)$$

$$u = (T^T Y)/(T^T T) = \frac{1}{d}(T^T Y) \qquad (2-115)$$

步骤五，计算 X 的负载矢量 P：

$$P = (X^T T)/(T^T T) = \frac{1}{d} X^T T \qquad (2-116)$$

步骤六，计算 X，Y 的残差：

$$\delta_X = X - TP^T \qquad (2-117)$$

$$\delta_Y = Y - uT \qquad (2-118)$$

步骤七，返回步骤一，计算下一个维度。

在光谱分析中，不但光谱矩阵 X 包含有噪声，而且化学值 Y 也包含无用信息。所以 PLS 方法建模比主成分回归法能更好地去除噪声。因子数是 PLS 算法中的重要参数，它对应了代表样品信息的光谱综合变量的个数。如果使用的因子数过少，就不能充分反映被测组分浓度变化产生的光谱变化，模型预测准确度就会降低。如果使用过多的因子数建模，就会引入一些代表噪声干扰的隐变量，模型的预测能力也会下降，因此合理选择PLS因子数是非常必要的。为了提高模型预测效果、降低模型复杂性，选用合适波段也显得非常重要，需要在全谱范围内进行大范围的筛选，分别对每一个波段调试不同的PLS因子数，建立优化的PLS模型。

二、非线性方法

1. 支持向量机

支持向量机（SVM）是一种通用的机器学习寻优算法，最初于20世纪90年代由Vapnik等提出（Cortes & Vapnik，1995）。和传统的学习方法相比，其训练算法快速、泛化能力强，可以应用在分类识别、预算推算和综合评估等多个领域（Belousov et al.，2002）。在SVM的基础上，Suykens等提出了最小二乘支持向量机（LSSVM）算法，是通用SVM算法的改进。它利用空间变换的手段将模型训练过程转化为线性问题来求解，降低了计算复杂度，提高了求解速度（Suykens & Vandewalle，1999）。

LSSVM在处理近红外光谱多变量数据时的信息提取具有一定的优势，在一定程度上解决了光谱数据与含量数据之间的非线性问题。LSSVM的成功应用重点在于其中核函数的研究，利用不同核函数LSSVM模型对近红外光谱数据进行分析，一方面可以比较不同核函数在建模中的性能效果，另一方面通过对其中不同核函数中参数的调节对LSSVM模型进行优选，增加模型数据库（Chen et al.，2020a）。核函数的存在使得LSSVM在非线性建模中有较好的应用效果，避免了在高维特征空间上的复杂计算过程，有效地克服了数据维数大的问题。

LSSVM的基本思路是应用核函数使原始自变量空间和高维特征空间形成一种对应关系，将因变量与高维空间数据中复杂的非线性问题转换成简单的线性问题。在建模的样本集中（x_i，y_i；$x_i \in R$，$y_i \in R$，$i = 1$，2，$\cdots$，n），其中x_i是自变量数据（光谱吸光度数据），y_i是因变量数据（待测成分含量数据）。运用非线性的对应关系ϕ（·）将建模集样本从原空间$R^{p \times p}$映射到特征空间ϕ（x_i），在特征空间中创建最优决策函数。

$$\min\left(\frac{1}{2}\|w\|^2 + \gamma \sum_{i=1}^{n}\xi_i^2\right), \ i = 1, \ 2, \ \cdots, \ n$$

$$\text{s.t.} \quad y_i = w^T \phi(x_i) + b + \xi_i \tag{2-119}$$

式中，ϕ（·）指的是核空间中的对应关系函数，b是偏差因子，$\xi_i \in R$（$i = 1$，2，$\cdots$，n）为松弛变量，γ为正则化参数。

该优化问题可利用Lagrange因子法进行求解，对应的Lagrange函数为：

$$L(w, \ \xi, \ \alpha) = \frac{1}{2}\|w\|^2 + \gamma \sum_{i=1}^{n}\xi_i^2 - \sum_{i=1}^{n}\alpha_i(w^T \phi(x_i) + b + \xi_i - y_i) \tag{2-120}$$

式中，Lagrange因子$\alpha = （\alpha_1$，α_2，$\cdots$，α_n）。为求$L(w, \ \xi, \ \alpha)$的极小值，分别对w，b，ξ_i（$i = 1$，2，$\cdots$，n）建立偏导数方程组进行计算：

$$\begin{cases} \dfrac{\partial L}{\partial w} = 0 \rightarrow w = \sum_{i=1}^{n} \alpha_i \phi(x_i) \\[2ex] \dfrac{\partial L}{\partial b} = 0 \rightarrow \sum_{i=1}^{n} \alpha_i = 0 \\[2ex] \dfrac{\partial L}{\partial \xi_k} = 0 \rightarrow \xi_i = \dfrac{1}{2\gamma}\alpha_i \end{cases} \quad (2-121)$$

将（2-121）式转化为线性方程组：

$$\begin{bmatrix} 0 & 1 & \cdots & 1 \\ 1 & K(x_1, x_1) + \dfrac{1}{2\gamma} & \cdots & K(x_1, x_l) \\ \vdots & \vdots & \vdots & \vdots \\ 1 & K(x_n, x_1) & \cdots & K(x_n, x_l) + \dfrac{1}{2\gamma} \end{bmatrix} \cdot \begin{bmatrix} b \\ \alpha_1 \\ \vdots \\ \alpha_n \end{bmatrix} = \begin{bmatrix} 0 \\ y_1 \\ \vdots \\ y_n \end{bmatrix} \quad (2-122)$$

式中，$K(x_i, x_j) = \phi(x_i) \cdot \phi(x_j)$ 为满足 Mercer 条件下的某种核函数，简写为：

$$\begin{bmatrix} 0 & 1^T \\ 1 & K(x_i, x_j) + (2\gamma)^{-1}I \end{bmatrix} \begin{bmatrix} b \\ \alpha \end{bmatrix} = \begin{bmatrix} 0 \\ y \end{bmatrix} \quad (2-123)$$

式中，$y = [y_1, y_2, \cdots, y_n]^T$。若令 $\Omega_{ij} = K(x_i, x_j) + (2\gamma)^{-1}I$，即可求回归系数 α_i 和 b：

$$\alpha_i = [\Omega_{ij}]^{-1}(y - b \cdot 1) \quad (2-124)$$

$$b = \frac{1^T[\Omega_{ij}]^{-1}y}{1^T[\Omega_{ij}]^{-1} \cdot 1} \quad (2-125)$$

由此得到关于待测成分含量 C 的非线性预测模型为：

$$C = f(x) = \sum_{i=1}^{n} \alpha_i K(x, x_i) + b \quad (2-126)$$

因此 LSSVM 的回归建模性能主要由核函数及正则化参数 γ 所决定，其中核函数的性能又由核函数本身的结构及核参数来决定。因此对正则化参数 γ 及核函数中相应参数的调试训练决定了 LSSVM 模型的效果。选择不同的核函数优化 LSSVM 模型问题，不同的核函数模型将会有不同的结果，其中常用的 Mercer 核函数有如下三种（Huang et al.，2017）：

线性核函数（Linear）　　　　$K(x_j, x_i) = x_j \cdot x_i + c$ $\quad (2-127)$

多项式核函数（Polynomial）　$K(x_j, x_i) = (x_j \cdot x_i + c)^d$ $\quad (2-128)$

高斯径向基核函数（RBF）　　$K(x_j, x_i) = \exp(\| x_j - x_i \|^2 / 2\sigma^2)$ $\quad (2-129)$

通过改变核函数中的参数及正则化参数，可以调试不同核函数下的模型优化策略，并最终确定最优的近红外光谱分析的非线性模型。

2. 神经网络

神经网络（Neural Network，NN）模型是受到动物神经元细胞的启发而产生的数学模型。它以神经元为一个单元并由多个神经元组成一个复杂的网络结构，通过每个神经元的信号传输和计算达到数学建模的目的（Fasel，2003）。由于神经网络模型由大量神经元构建，能达到更加精准的预测效果，既适合做定量分析又适合做定性分析。神经网络在确定网络结构的情况下，通常采用优化权重和偏差的方式来对模型进行优化。然而神经网络模型的内部结构较为复杂，包含了不同节点信号传输、权重和偏差的变化，其中变量多且复杂。因此神经网络模型优化策略成为模型性能好坏的关键问题（Wu & Feng，2018a）。

一个完整的神经网络模型通常具有三层：输入层、隐藏层、输出层。输入层是记录或保存数据的节点，它连接着关键的隐藏层。隐藏层是 NN 模型计算的主要部分，通过各个节点传播的信息以及激活函数构成了一个复杂的网络结构。输出层通常只有一个节点，当隐藏层计算完成后传递给输出层进行回归得到最终的预测结果。

在神经网络结构中，每层单元都包含了一组权重、偏差和激活函数。选用 W_i 和 b_i 表示第 i 层单元的权重和偏差，选用 a_i 表示第 i 层节点值，其中 a_0 为输入层的值，也就是建模数据。节点与权重初步计算公式为：

$$Z_i = W_i \times a_{i-1} + b_i \qquad (2-130)$$

式中，Z_i 表示第 i 层代入激活函数的矩阵。

当一个节点从上一层多个节点获取信息（Z_i）后，会通过激活函数的计算传给下一层节点。常用的激活函数有 sigmoid 函数、tanh 函数、relu 函数（Farzad et al.，2019），其具体公式如下：

$$\text{sigmoid}\ (z) = \frac{1}{1+e^{-z}} \qquad (2-131)$$

$$\text{tanh}\ (z) = \frac{e^z - e^{-z}}{e^z + e^{-z}} \qquad (2-132)$$

$$\text{relu}\ (z) = \max\ (0,\ z) \qquad (2-133)$$

式中，z 是 Z_i 中的任意元素。由于 sigmoid 和 tanh 函数形状大致相同且 tanh 的均值为 0，tanh 更适用于偏差的调整，因此，构建神经网络模型通常采用 tanh 和 relu 函数作为激活函数。

在 NN 计算过程中，设定构成多层神经网络模型的所有权重集合（W）和所有偏差集合（b）被称为参数。此外，能够定义模型结构或优化策略的参数，如每一层的节点数、隐藏层的层数、激活函数，以及其他调试参数都被称为超参数。

3. 决策树

决策树算法是将数据全部输入空间后划分成不同的子区域。决策树分类算法是从给定的训练样本中，提炼出几个子区域的分类树模型。同时决策树是采用自上而下的递归策略，是由一个根节点、多个分枝节点和一系列终端叶节点组成的树状结构。其中叶节点是表示决策树分枝结果的标签，分枝节点则表示导致这些分裂结果形成的分枝算法，根节点是决策树最高层的节点（Luan & Ji，2004）。

根节点到每个叶节点会形成一条自上而下的分类规则，对每个待测样品进行分类时，只需要将其从根节点开始，在每个分枝节点进行分枝测试，沿着相应的节点分枝递归进入下一层节点，随后在节点处再一次进行测试，一直生长到叶节点处，叶节点所包含的数据属性就是最终决策树的分类情况。因此，内部节点代表着对不同属性的测试，每个叶节点都存储一部分待测对象。

决策树算法构建的决策树理解性强，可视化效果显著，分类规则相对简单；同时，决策树的层数与分类算法的属性有关。对于样品为连续数值的情况，一般是用信息熵来判断分枝属性，信息熵通常用来描述节点所包含待测对象信息含量的多少。随着决策树的分枝，父节点将会分枝为两个子节点，信息熵也会随之升高。结合比较测试值与属性值的情况来进行节点的划分，直到子节点与父节点的信息熵增量为零或少于节点最少类别数时为止，信息熵增量是父节点信息熵与两个子节点信息熵的差。

决策树对光谱进行波长优选时，用信息熵来描述该节点中所包含波长的信息量；用信息熵增量（ΔE）来表示父节点分枝后，两个子节点的信息熵之和与父节点信息熵的差异程度。设定标集 k 个样品中每个样品的光谱数据集合中含 M 个波长，其中第 j 个波长的 k 个样品的吸光度所占该节点全部波长样品吸光度比例为 $p(j)$，$j=1$，2，$\cdots$，M，该节点的信息熵则为 E，波长所对应信息熵的增量 ΔE 分别可以定义为：

$$E = -\sum_{j=1}^{M} p(j)\log_2 p(j) \tag{2-134}$$

$$\Delta E = E（左子节点）+ E（右子节点）- E（父节点） \tag{2-135}$$

式中，$p(j) = \dfrac{\sum_{k=1}^{K} A(k,j)}{\sum_{j=1}^{M}\sum_{k=1}^{K} A(k,j)}$。信息熵增量越大，说明节点分枝后波长数据包含的信息量就越大。因此在构建决策树时，需要根据信息熵增量的变化来确定是否继续分枝。

第五节　模型评价与量化指标

通常将近红外光谱数据作为模型的输入数据，以目标成分含量的实验室内化学测量值作为建模预测的参考数据，建立近红外定量分析模型。模型评价总体来说分为预测偏差和预测相关程度两方面的评价（Burns & Ciurczak，2008）。一般说来，用来衡量偏差的量化指标有均方误差（记为 MSE）、均方根误差（记为 RMSE）、相对分析误差（记为 RPD）、相对标准偏差（记为 RSD）和相对均方根误差（记为 RRMSE）；用来衡量相关程度的量化指标主要是皮尔逊相关系数（记为 R）。按照下列公式进行计算：

$$MSE = \frac{1}{n-1}\sum_{i=1}^{n}(c_i - c_i')^2 \tag{2-136}$$

$$RMSE = \sqrt{MSE} \tag{2-137}$$

$$RPD = \frac{c_{sd}'}{RMSE} \tag{2-138}$$

$$RSD = \frac{c_{sd}'}{c_m'} \tag{2-139}$$

$$RRMSE = \frac{RMSE}{c_m'} \tag{2-140}$$

$$R = \frac{\sum_{i=1}^{n}(c_i - c_m)(c_i' - c_m')}{\sqrt{\sum_{i=1}^{n}(c_i - c_m)^2 \sum_{i=1}^{n}(c_i' - c_m')^2}} \tag{2-141}$$

其中，c_i 代表第 i 个样本的参考化学值，c_i' 代表第 i 个样本的近红外建模预测值，c_m 代表样本参考化学值的平均值，c'_m 代表样本的近红外建模预测值的平均值，c'_{sd} 代表样本的近红外建模预测值的标准偏差。对于不同的样本集划分，可以利用下标字母来表示指向不同的样本集，通常利用下标字母 C 指向定标集、字母 V 指向检验集、字母 T 指向测试集。例如，MSE_C 表示定标集样本的 MSE，$RMSE_V$ 表示检验集样本的 RMSE，R_T 表示测试集样本的 R。各个量化指标的全标记如表 2 – 2 所示。

表 2 – 2　模型预测量化指标针对不同样本集的全标记符号表

	定标集	检验集	测试集
均方误差（MSE）	MSE_C	MSE_V	MSE_T
均方根误差（RMSE）	$RMSE_C$	$RMSE_V$	$RMSE_T$
相对分析误差（RPD）	RPD_C	RPD_V	RPD_T
相对标准偏差（RSD）	RSD_C	RSD_V	RSD_T
相对均方根误差（RRMSE）	$RRMSE_C$	$RRMSE_V$	$RRMSE_T$
相关系数（R）	R_C	R_V	R_T

第三章

近红外光谱分析方法在农业水土信息检测中的应用

第一节 农业土壤营养成分检测的近红外光谱分析模型

一、背景

现代农业的发展方向是精准农业，是对农业所涉及的对象、过程进行精确的设计、控制和实现，提升农业的生产效能。土壤是农业可持续发展中最重要的组成部分，是农业生态环境的要素和诸多生态环境问题的集中体现者（Labuschagne & Agenbag，2008）。土壤的营养成分主要包括有机质、氮、磷、钾，它们是衡量土壤肥力的重要指标。在线检测土壤的营养成分，以实时、快速获取有关信息，是实现精准农业的必要条件之一（Virto et al.，2011）。采用现代化计量分析技术，实现土壤营养品质的实时、快速、在线检测，进而改善作物种植的土壤肥力，是促进精密农业发展需要研究的关键热点问题。

近红外光谱检测技术具有定量测定土壤营养成分的潜力，不仅可以鉴别土壤的肥力，还可以用于土壤营养供应和重金属污染的控制（Angelopoulou et al.，2017），但其中需要计量学分析方法的支撑。土壤的近红外光谱检测通常采用漫反射方式，光谱数据的采集通常受到样品状态、颗粒度大小、土壤类型、采样环境等方面的影响，由此产生较为严重的光谱重叠，同时受到光散射效应和其他噪声的干扰（St Luce et al.，2014），因此在数据中心化、导数平滑、多元散射校正等光谱降噪预处理方面具有较高的要求。

二、土壤样本

选择三个农田采集 135 个土壤样品。选样的农田主要用途是水稻或甘薯种植。135 个地点的位置取决于每个农田的面积。根据均匀分布原则，分别从小农田、中农田和大农田中选取 38、45、52 个定位地点。任意两个相邻定位地点之间的距离略有不同，约为 3～5 m。在每个地点，从 0～15 cm 深处选取 10～15 个取样处。每个取样处取样称重约 2 克，并将这些样本混合构成这个定位的样品。

首先在实验室对样品进行干燥和研磨，然后通过 0.5 mm 的土壤筛，以确保样品被细化为平均小尺寸固体颗粒。然后从每个样品中提取两组重量为 10 克的等效样品，一组用于生化测量，另一组用于近红外光谱检测。使用重铬酸钾氧化的常规生化方法测量每个样品的有机碳含量（杨树筠，1997）。所有样本的测量值介于 1.10% 到 6.42% 之间，平均值为 2.686%，标准偏差为 1.056%。这些利用化学实验采集的数据将作为近红外光谱分析的定标建模和预测的参考值（称为参考化学值，简称为化学值）。

135 个土壤样本的近红外光谱数据是利用美国 PerkinElmer 公司的 Spectrum One NTS FT - NIR 光谱仪测量。近红外光源由内置卤钨光源产生，经过分光光学系统单元，将光信号分为一系列对应于每个近红外波长的单色光。然后将每个单色光逐个地照射待测土壤样本进行光谱扫描，样本放置在圆形样本池中，光被样本颗粒吸收和反射，使得出射光强度减弱，因此需要配备漫反射附件进行光信号放大。利用 InGaAs 探测器监测并采集入射光和出射光的信号，进而根据朗伯—比尔定律换算光谱吸光度数值，传送到计算机进行数字模拟分析。

温湿度的控制对于光谱数值的稳定性有很关键的影响，因此，整个光谱扫描过程把温度控制在 25 ± 1℃，相对湿度限制在 46 ± 1% RH。光谱扫描范围为 10 000 ~ 4 000 cm^{-1}，分辨率为 8 cm^{-1}。每个样本测量三次，三次测量的平均值进一步定量建模。

三、样本集划分的研究

多元化学计量学在土壤有机质的近红外分析中样本划分环节的应用，考虑到定标样本数和检验样本数的可调比率，提出一种用于划分定标样本集和检验样本集的算法框架，结合 LSSVM 定量建模方法，针对土壤有机碳的含量预测，寻找适用于近红外光谱定量分析的最佳样本划分方案。首先，随机选择固定数量的样本部分作为独立测试集，该测试集不受建模过程的影响。剩余的样本数量，用于建模优化过程。值得注意的是，考虑到框架的随机性、相似性和鲁棒性，定标模型是否稳定和鲁棒取决于划分为定标样本集和检验样本集的样本划分比率。为了便于说明，假设建模样本的总数是固定的，首先确定了独立验证样本的数量。当可调划分比率变化时，定标集和检验集中分别的样本数量可以改变。对应某一个固定的划分比率，会形成一组备选的定标样本集和检验样本集组合。调试不同的划分比率，涉及不同的定标集和检验集的多个备选组合，可以根据其建模性能对近红外定标预测模型进行比较。

在每个备选组合中，可以通过随机选择建模样本多次执行定标集和检验集的划分。基于不同的样本集划分，计算不同样本集所对应的建模预测结果的均值和标准差等基本统计量，以此考虑模型的稳定性和鲁棒性，可以对近红外定标模型进行参数优化，进而可以在所有分配比中选择最佳划分。关于模型预测，可以利用不参与建模训练过程的测试集样本来估计和评估具有相应最佳划分的定标优化模型。

根据建模（定标—检验）—测试的样本集划分模式，从 135 个土壤样本中随机选取 35 个样本进入独立测试样本集，该集合完全不参与建模过程，其余 100 个样本用来划分定标样本集和检验样本集。验证样本和剩余样本的统计数据见表 3 - 1。

表 3 - 1　建模样本集和测试样本集的统计数据

	样本数量	有机碳含量			
		最大值	最小值	平均值	标准偏差
测试集	35	5.06	1.35	2.565	0.945
建模集	100	6.42	1.10	2.728	1.093

　　用于建模的 100 个样本进一步分为定标集和检验集。需要注意的是，一方面，定标集样本数量不应少于检验集样本数量，另一方面，定标集样本数量也不宜比检验集样本数量多太多，以防止模型出现过拟合。基于这个原则，在样本集划分的研究中，将定标集和检验集的样本划分比例限制为从 1∶1 变化到 4∶1。实际上，从 100 个建模样本中选择定标样本，可以调试将定标样本数量从 50 变化到 80，每次增加 5 个样本，所对应的检验集样本数量将从 50 变化到 20。从而产生 7 个定标—检验样本集配对组，每个配对组中具有不同的定标样本数量和检验样本数量，这 7 个配对组分别标记为 G_k，$k = 1$，2，…，7。每个配对组中的定标样本数量和检验样本数量列于表 3 - 2。7 个配对组给出了 7 种不同的定标—检验样本集划分方案，接下来可以讨论哪种数量划分具有更好的模型训练精度和更高的建模稳定性。

表 3 - 2　各个配对组中定标集和检验集的样本数量

配对组	定标集样本数量	检验集样本数量
G_1	50	50
G_2	55	45
G_3	60	40
G_4	65	35
G_5	70	30
G_6	75	25
G_7	80	20

　　配对组只是确定了参与定标或检验的样本数量，并没有决定哪些样本用来定标、哪些样本用来检验，因此，在选择样本时可以采用第二章第一节中提到的任何一种样本集划分方法。为了模型简便，此处采用随机划分策略。而随机划分又会引起建模结果的不稳定，为了解决这个问题，将定标—检验样本集的随机划分进行了 30 次（即 $L = 30$），按照不同数量配对组（G_k）所预设的样本数量，为每一个 G_k（$k = 1$，2，…，7）生成 30 个不同的定标—检验样本集组合，分别记为 $C_1 + V_1$，$C_2 + V_2$，…，$C_{30} + V_{30}$。使用 LSS-VM 建模方法为每个 $C_l + V_l$ 样本集组合（$l = 1$，2，…，30）建立近红外光谱定量分析模型，通过大规模搜索 LSSVM 的建模参数（正则化参数 γ 和核变换参数 σ^2）来完成对土壤有机碳含量检测的模型优化。

设置 γ 的取值从 10 变化到 200，每次增加 10，σ 的取值从 1 连续变化到 20。建立每种（γ，σ）组合对应的 LSSVM 模型，并对 γ 和 σ 的参数进行交互式网格搜索优化。基于 30 个不同的定标—检验样本集组合 $C_l + V_l$（$l = 1, 2, \cdots, 30$），分别计算模型预测指标 $RMSE_V$ 和 R_V，进而计算 30 个指标值的平均值和标准偏差值 $RMSE_{V, m}$ 和 $R_{V, m}$ 作为模型参数 γ 和 σ 所对应的稳定建模结果，同时计算 $RMSE_{V, rsd}$ 和 $R_{V, rsd}$ 以评估模型的波动性。在此过程中，可以通过搜索最小 $RMSE_{V, m}$ 或最大 $R_{V, m}$ 来确定最佳的（γ，σ）参数组合，这个最优结果被认为是对特定数量配对 G_k 的稳定可靠的建模效果。随后，可以通过比较 7 个数量配对组（G_k，$k = 1, 2, \cdots, 7$）的 $RMSE_{V, m}$（G_k）或 $R_{V, m}$（G_k）最佳预测值来选择最佳的数量配对组，进一步选择具有最优参数的 LSSVM 模型。表 3-3 给出了对应到每个指定数量配对组的 LSSVM 模型的最佳参数和建模结果。可以看出，G_4 配对组对应输出最小的 $RMSE_{V, m}$ 和相应较大的 $R_{V, m}$，而且相对较低的 $RMSE_{V, rsd}$ 和 $R_{V, rsd}$ 表明所选最优稳定的 LSSVM 模型的预测结果具有很小的波动。由此得出，在样本集划分的研究中，适用于土壤有机碳的近红外光谱分析的最佳数量配对组是 G_4，即需要分配 65 个样本作为定标和 35 个样本作为检验。

表 3-3　7 个数量配对组所对应的最优 LSSVM 模型预测结果

数量配对组	γ	σ	$RMSE_{V, m}$	$RMSE_{V, rsd}$	$R_{V, m}$	$R_{V, rsd}$
G_1	120	8	0.283	0.197	0.900	0.159
G_2	110	6	0.261	0.187	0.916	0.154
G_3	100	7	0.258	0.190	0.923	0.148
G_4	110	7	0.247	0.185	0.937	0.147
G_5	130	8	0.254	0.205	0.932	0.155
G_6	120	10	0.269	0.214	0.909	0.161
G_7	100	9	0.285	0.217	0.885	0.175

对于 LSSVM 建模，值得注意的是 γ 和 σ 这两个参数代表了使用 RBF 核时的正则化扩展和核宽度。特别是讨论了基于最优备选组（G_4）的交互式参数网格搜索，以及对 γ 和 σ 的每个单独调整的影响的投影效果。每个 γ 值对应的模型预测结果如图 3-1 所示；

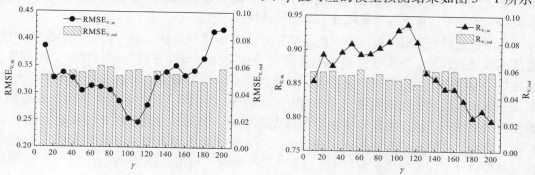

图 3-1　LSSVM 模型的每个 γ 值对应的预测结果

同样，每个 σ 值对应的模型预测结果如图 3-2 所示。可以看出，$RMSE_{V,rsd}$ 和 $R_{V,rsd}$ 值随 γ 的变化而变化，但大多数都小于 0.2，这表明模型受参数取值的影响足够小，模型被认为是稳定的。当 $\gamma=110$ 时获得最小 $RMSE_{V,m}$，相应地具有最高的 $R_{V,m}$。每个 σ 值对应的 $RMSE_{V,rsd}$ 和 $R_{V,rsd}$ 值中，大多数也都小于 0.2，这在另一方面印证了模型的稳定性和鲁棒性。当 $\sigma=7$ 时获得最小的 $RMSE_{V,m}$，且相应的 $R_{V,m}$ 最高。综上所述，最优 LSSVM 参数（γ, σ）为（110, 7），最优 $RMSE_{V,m}$ 和 $R_{V,m}$ 分别为 0.247 和 0.937。该最优建模结果是通过基于不同比例的标定预测样本划分的非线性 LSSVM 算法得到的。结论是，参数（γ, σ）=（110, 7）所对应的最佳 LSSVM 模型对于土壤有机质含量的近红外定量是稳定可靠的。

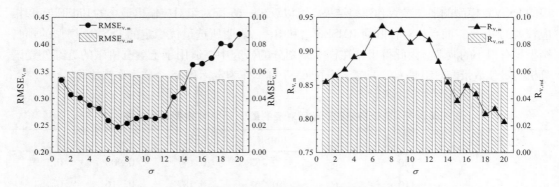

图 3-2　LSSVM 模型的每个 σ 值对应的预测结果

四、预处理方法研究

近红外光谱数据所呈现的信息重叠严重，没有显著的特征吸收峰。农作物包含多种营养成分，且生长环境复杂，其光谱数据不仅反映所有成分的吸收信息，包括待测成分信息，同时还包括了其他未知成分和系统噪声的干扰，其光谱测量和数据分析过程中不可避免地会出现各种误差干扰。在光谱快速分析中如何消除（或减少）数据噪声、提取有效的信息数据，进而建立具有较高精度的光谱分析模型，需要在分析方法上克服很大的困难，一方面需要寻找有效的建模优化方法，另一方面必须考虑在数据预处理过程中研究有效的化学计量学方法来降低或消除各种噪声干扰。

光谱预处理是光谱分析流程中的重要一环，对于建立高精度的光谱分析定标预测模型具有重要的意义。光谱数据预处理是对所采集的样本数据进行降噪处理、定标抽样、特征提取等操作，为近红外快速定量分析提供良好的信息数据。针对包含多成分的农产品复杂体系，近红外光谱直接测定数据中包含了很多不同来源、不同种类的未知噪声，想要在多重噪声干扰下提取特定成分信息尤为艰难。因此，合理选择光谱数据预处理方法非常重要，必须利用有效的化学计量学技巧来完成数据预处理，并结合数学方法进行优化建模设计，完成数据信息提取，进而提高光谱分析模型的预测精度。

Savitzky-Golay（SG）平滑和多元散射校正（MSC）都是有潜力的光谱预处理方法。单独（或联合）采用 MSC 和 SG 平滑预处理方法的预处理效果各不相同，而且，在 SG

平滑中，还需要从众多的平滑方式中筛选出适当的方式。针对土壤样本，讨论 MSC 和 SG 平滑两种光谱预处理方法对于近红外光谱分析 PLS 模型预测效果的影响。对于单独（或联合）采用 MSC 和 SG 平滑预处理以及不采用任何光谱预处理，共分为 5 种情形，对每一种情形分别建立 PLS 回归模型，联合优选 SG 平滑参数和 PLS 因子数。在 SG 平滑中，把平滑点数由原来的 25 点推广到 91 点，计算出更多点数的 SG 平滑所对应的平滑系数。

　　构建 MSC 和 SG 平滑的光谱预处理方式联合优选平台，分别对下列 5 种情形进行详细的对比讨论：①未做任何预处理；②单独做 MSC 预处理；③单独做 SG 平滑预处理；④先做 MSC 后做 SG 平滑预处理；⑤先做 SG 平滑后做 MSC 预处理。考虑到实际系统可能需要更多的平滑点数，于是在 SG 平滑预处理过程中，对 SG 平滑的平滑点数做了推广，并建立计算机算法平台，计算出相应的平滑系数组合，使得平滑模式由原来的 117 种扩充到 394 种，使 SG 平滑的适用范围更宽，并结合 PLS 方法，根据模型预测效果进行 SG 平滑参数与 PLS 因子数联合优选（Chen et al.，2013b）。

　　在 SG 平滑预处理的环节中，笔者考虑了多项式次数为 2，3，4，5，导数阶数为 0，1，2，3 的情况，对于这两个参数没有做太多的推广，而是着重把 SG 平滑点数推广到了 91 点，总共形成了 394 种 SG 平滑预处理模型。每一种平滑预处理模型所对应的平滑系数都可以计算出来，具体计算过程不尽相同，没有统一的解析表达式，要把所有平滑预处理模型所对应的平滑系数都计算出来，并且进一步把每一类的平滑光谱数据都分别用于建立 PLS 模型，调试 PLS 因子数，再进行模型优选，总体的运算量是非常大的，为此，本书尝试构建了计算机算法平台，该平台包含了所有 SG 平滑预处理模型的平滑系数组合的计算过程，以及 SG 平滑参数与 PLS 因子数联合优选的化学计量学算法，并构建相应的参数数据库。在此平台基础上，对于扩充的平滑点数，可以快速计算出每一种 SG 平滑预处理模型所对应的平滑系数，用于 PLS 模型的建立与优选。

　　在后 3 种情形中，对 SG 平滑模式（包括 SG 平滑的多项式次数、导数阶数两个参数）进行筛选，计算出所有 394 种 SG 平滑预处理模型所对应的平滑系数组合，把全部 394 种 SG 平滑模式和不同 PLS 因子数（设置为 1~40）分别组合，共建立 15 760 个 PLS 模型，根据模型预测效果（$RMSE_V$ 和 R_V）同时优选 SG 平滑模式和 PLS 因子数。表 3-4 列出了 5 种不同的预处理情形下的最优 PLS 模型的预测效果，并给出了相应的模型参数。从表中可以看出，光谱经过 MSC 预处理之后，模型的预测效果比做预处理前的有所提高；而光谱经过 SG 平滑预处理之后，相应的模型预测效果比预处理前也有改善，此外，只做 SG 平滑预处理的模型预测效果比只做 MSC 预处理的模型效果好；而同时采用 SG 平滑和 MSC 两种预处理方法，可以得到更好的模型预测效果；最优的光谱预处理方式为先 SG 平滑后 MSC。

表 3-4　5 种不同的预处理情形下的最优 PLS 模型的预测效果

	SG 平滑参数	PLS 因子数	$RMSE_V$	R_V
未做预处理	—	9	0.491 1	0.715 1
MSC	—	10	0.480 7	0.738 7

（续上表）

	SG 平滑参数	PLS 因子数	RMSE_V	R_V
SG 平滑	22 模式，49 点	8	0.456 3	0.787 5
MSC + SG 平滑	53 模式，53 点	7	0.443 6	0.832 0
SG 平滑 + MSC	42 模式，67 点	7	0.398 2	0.886 2

表 3 - 5　后 3 种情形下不同平滑模式对应的最优 $RMSE_V$

	20	40	21	31	51	22	42	33	53
SG 平滑	0.546 0	0.584 4	0.586 1	0.487 0	0.515 9	0.462 7	0.456 3	0.565 4	0.540 2
MSC + SG 平滑	0.508 0	0.553 5	0.578 5	0.469 4	0.494 6	0.443 6	0.468 2	0.541 3	0.514 7
SG 平滑 + MSC	0.453 4	0.450 9	0.450 7	0.444 8	0.429 2	0.408 5	0.398 2	0.419 1	0.425 3

　　针对后 3 种不同的预处理方式，表 3 - 5 列出了 9 种不同的 SG 平滑模式下的最优 PLS 模型所对应的 $RMSE_V$（在不同的平滑点数、不同的 PLS 因子数中优选），其中模式 20 表示 2 次多项式、0 阶导数，31 表示 3 次多项式、1 阶导数，以此类推。最优的预处理方式为先 SG 平滑后 MSC，其中 SG 平滑模式为 42，即 4 次多项式、2 阶导数平滑。

　　深入讨论 SG 平滑点数对模型预测效果的影响。把 SG 平滑模式固定为 42，调整平滑点数从 5 变化到 91（奇数），分别对光谱数据进行预处理，再利用预处理后的光谱数据建立 PLS 模型，得到每个平滑点数对应的最优 $RMSE_V$（从不同的 PLS 因子数中优选），如图 3 - 3 所示，最优的 SG 平滑点数为 67，$RMSE_V$ 为 0.398 2，而平滑点数在 25 以内的最优 $RMSE_V$ 为 0.431 7，这远远没有达到接近于 67 点的结果。这表明，对 SG 平滑点数的推广很有必要。

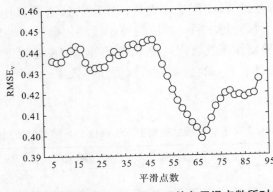

图 3 - 3　先 SG 平滑（42 模式）后 MSC 预处理的各平滑点数所对应的最优 $RMSE_V$

根据 SG 平滑（42 模式，67 点）和 MSC 预处理之后的光谱数据建立 PLS 模型，PLS 因子数设置从 1 变化到 40，所得每个 PLS 因子数对应的模型预测效果如图 3 - 4 所示，最优 PLS 因子数为 7，$RMSE_v$ 为 0.398 2。

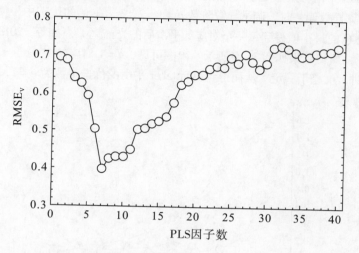

图 3 - 4　先 SG 平滑（42 模式，67 点）后 MSC 预处理的
PLS 模型的各 PLS 因子数所对应的 $RMSE_v$

综上所述，基于土壤有机质近红外分析的 PLS 模型，最好的预处理方式为先 SG 平滑（42 模式，67 点）后 MSC，相应的最优 PLS 因子数为 7。该模型对应得到 135 个土壤样品有机质含量的预测相关系数达到 0.886 2，预测偏差 $RMSE_v$ 为 0.398 2。模型的预测精度适中，预测效果较好。这表明，近红外分析预处理方式的优选可以有效地去除光谱噪声，从而提高 PLS 模型的预测精度；通过预处理方式的优选，近红外光谱分析可以有效地应用于土壤有机质含量的检测。

Whittaker 平滑是结合了平滑和求导的一种有效的数据预处理方法。利用 Whittaker 平滑算法对土壤数据进行降噪预处理，建立傅里叶近红外光谱快速测定土壤中的有机质和总氮含量的定量分析模型。Whittaker 平滑基于补偿最小二乘原理，选用拟合数据的导数偏差来衡量过拟合程度，以总体偏差最小作为数据平滑的目标来实现数据降噪，通过平衡拟合偏差和导数偏差来避免过拟合现象的产生，其中 λ 是导数偏差的权重参数，λ 通常按照以 10 为底的指数函数来取值，λ 越大表示导数偏差对总体偏差的影响越大，所得到的平滑数据越光滑。与其他常用的预处理方法相比较，Whittaker 平滑具有算法简单易懂、可变参数少、边缘数据自适应、缺失数据加权补齐等优点。

通过结合 Whittaker 平滑建立偏最小二乘回归模型，为土壤的近红外检测寻找高信噪比波段。根据分子振动原理，近红外光谱波段可以划分为二倍频区域（含高倍频，10 000 ~ 7 000 cm^{-1}）、一倍频区域（7 000 ~ 5 500 cm^{-1}）和合频区域（5 500 ~ 4 000 cm^{-1}）（Heise，2002）。以土壤有机质和总氮的近红外分析为目标，主要研究以下两方面内容：①通过对比原始光谱和 Whittaker 平滑光谱的建模效果，评价 Whittaker 平滑对于提高模型预测精度的作用；②分别对全谱、二倍频、一倍频和合频区域进行定量，挑选合适的光谱区域。这两方面的研究将同时联合进行，为土壤成分的近红外定量分析提供高信噪比的定标模型。

采用 Whittaker 平滑方法对测量的光谱数据进行预处理，首先需要对平滑参数进行优选。根据经验，在计算导数偏差时，调试导数阶数 $d=1$，2，3。在 λ 的优选中，使 $\log\lambda$ 从 1 变化到 10，通过寻找 Q 的最小值得到每一个对应的平滑后的光谱（梁嘉如等，2013），并计算交叉检验标准偏差 s_{cv}，所得结果如图 3–5 所示。由图可见，$d=1$ 对应的 s_{cv} 低于 $d=2$ 和 $d=3$；而当 $d=1$，$\lambda \geqslant 4$ 时，s_{cv} 趋于稳定。从而得到 Whittaker 平滑的优选参数为 $d=1$，$\lambda \geqslant 4$。

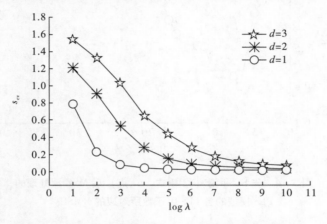

图 3–5　Whittaker 平滑 λ 和 d 的不同取值对应的 s_{cv}

采用优选参数的 Whittaker 算法对测量光谱进行平滑预处理。利用定标集样品的化学值和光谱吸光度值建立 PLS 模型，调试 PLS 因子数（F）从 1 变化到 20，根据 $RMSE_V$ 挑选出最优的因子数，确定最优模型，并采用最优模型对测试集样品计算 $RMSE_T$，评价建模效果。分别在 4 个区域（全谱、二倍频、一倍频、合频）建立土壤有机质、总氮的 PLS 模型，每个区域都分别采用原始光谱、Whittaker 平滑光谱建模，进行比较优选，结果见表 3–6。由表可见，Whittaker 平滑后的光谱数据对应的 $RMSE_V$ 和 $RMSE_T$ 均小于原始光谱数据的建模结果。有机质的最优结果出现在合频区域（5 500～4 000 cm^{-1}），最优 PLS 因子数为 9，$RMSE_V$、R_V 分别是 0.272，0.927，相应的检验结果 $RMSE_T$、R_T 分别是 0.306，0.902。总氮的最优结果出现在一倍频区域（7 000～5 500 cm^{-1}），最优 PLS 因子数为 10，$RMSE_V$、R_V 分别是 0.014 3，0.933，相应的检验结果 $RMSE_T$、R_T 分别是 0.018 0，0.905。通过对检验集样品的预测，分别给出了有机质（合频）、总氮（一倍频）的近红外定标最优模型的光谱预测值和化学值的对比（见图3–6）。结果表明，Whittaker 平滑在各个区域的分析过程中都能够有效地减少噪声，经过 Whittaker 平滑后的光谱数据所建立的 PLS 模型得到了较低的 $RMSE_V$ 和 $RMSE_T$；同时，经过各个区域的建模效果的比较，为土壤的有机质和总氮挑选出各自的最优建模区域并建立了良好的定标预测模型。采用随机产生的检验集样品进行模型检验，得到了可靠的检验结果。

表 3 - 6　基于原始光谱和 Whittaker 平滑光谱的各波段 PLS 模型的 $RMSE_V$ 和 $RMSE_T$

		有机质			总氮		
		F	$RMSE_V$	$RMSE_T$	F	$RMSE_V$	$RMSE_T$
全谱	原始光谱	16	0.418	0.453	15	0.023 5	0.026 9
(10 000 ~ 4 000 cm⁻¹)	Whittaker	12	0.282	0.318	10	0.015 6	0.018 7
二倍频	原始光谱	9	0.457	0.471	8	0.022 6	0.027 6
(10 000 ~ 7 000 cm⁻¹)	Whittaker	7	0.305	0.331	6	0.015 3	0.018 7
一倍频	原始光谱	8	0.435	0.471	9	0.022 1	0.027 0
(7 000 ~ 5 500 cm⁻¹)	Whittaker	6	0.293	0.308	**10**	**0.014 3**	**0.018 0**
合频	原始光谱	13	0.426	0.469	16	0.022 3	0.027 0
(5 500 ~ 4 000 cm⁻¹)	Whittaker	**9**	**0.272**	**0.306**	12	0.014 7	0.018 4

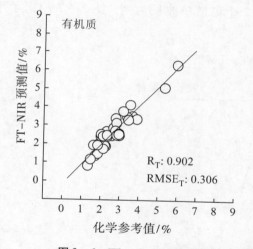
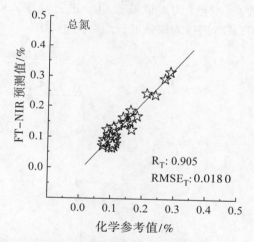

图 3 - 6　Whittaker 平滑光谱用于土壤有机质、总氮定量分析的模型检验效果

五、特征波长选择

由于土壤主要成分官能团的近红外吸收谱带受到其他成分和噪声的干扰，因此不能简单地将其视为目标分析物的分析波长。同时，近红外波长的数量对于现有的计算设备来说太大，无法满足对所有可能的波长组合的测试。因此，特征波长选择是一项艰巨的工作。尽管很困难，但波长选择对于提高预测效率、降低计算复杂度和提高模型的信噪比具有关键作用，研究合适的特征波长选择的光谱计量学方法以解决土壤复杂体系的近红外波长筛选问题是非常有必要的。

通过线性回归选择的离散波长组合能够提高建模预测效果，近红外光谱建模能力可以通过使用信息离散波长组合来提高。基于指标极值的光谱特征变量快速匹配（Speed Matching of Characteristic Variables Based on Extremums，SMCVE）方法可用于选择离散信息波长。SMCVE 通过一元线性回归在每个单波长处提取一些波峰和波谷的离散单波长，然后搜索离散单波长对应的最佳匹配的波长。离散单波长与其最佳匹配的波长相结合，有望克服光谱共线性。如果选择合适的峰和谷，离散的单一波长和最佳匹配的波长将被验证指向分析物的光谱吸收（陈华舟等，2019）。因此，SMCVE 方法在保留线性回归的简单性的同时，符合客观的物理和化学依据。建立由 SMCVE 方法选择的离散波长组合，有望提高近红外光谱计量分析模型对于土壤营养快速检测中的预测能力。下面以土壤总氮含量的近红外定量分析为例，展示 SMCVE 方法的实际分析流程和结果。

根据朗伯—比尔定律，土壤中的总氮浓度与它对应的近红外光谱吸光度呈线性关系。首先，在每个单波长建立线性回归模型，通过比较全扫描范围内所有单波长线性回归模型的建模结果，尝试从波峰和波谷中选取一些波长。通过这种方式，SMCVE 提取信息离散单波长。然后，考虑到单波长的简单线性回归不能满足近红外分析的建模改进，尝试为每个提取的离散单波长寻找另一个有效波长。在整个光谱范围内，为每个波长结合提取的离散单波长建立二元线性回归。通过比较建模结果，最终会找到对提取的离散单波长最有效的波长，表示为与离散单波长对应的最佳配对波长。离散单波长和配对波长都将放在一起作为离散波长组合进行建模。以 2 个离散单波长为例，图 3 - 7 给出了用 SMCVE 方法搜索离散波长组合的示意图。

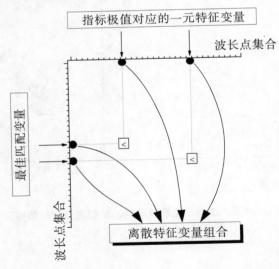

图 3 - 7　SMCVE 方法的离散特征波长变量配对组合示意图

作为提供信息的离散波长，离散波长组合（即所有离散单波长与其最佳配对波长的组合使用）有望改善 PLS 建模结果，并克服近红外分析的光谱共线性。如果正确选择了波峰和波谷，离散的单波长和最佳配对波长组合将指向分析物的光谱吸收。通过 SMCVE 选择离散波长的优点是自由度低，计算复杂度低，可以从整个扫描范围以及波长数量中方便地筛选出合适的离散波长组合。

用 SMCVE 方法选择离散波长组合可用于校准模型，以提高 PLS 建模能力。首先在全扫描范围内各单波长建立一元线性回归模型，绘制相应的 $RMSE_v$ 曲线（如图 3 - 8 所示）。因此，具有最小值 $RMSE_v$（即 $RMSE_v$ 曲线的波谷）的波长被选择到离散波长组合中。考虑到一些信息波长很难通过简单的线性回归找到，并且它们总是隐藏在具有 RMSE$_V$ 极值的波长处，应将 RMSE$_V$ 曲线的峰值添加到离散波长组合中。因此，选取 18 个离散单波长（图中带虚线的波峰和波谷）作为离散波长组合建立校准模型。

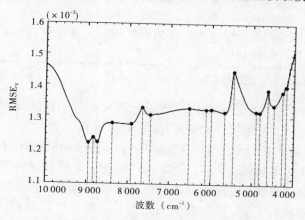

图 3 - 8　每个单波长的线性回归模型的 RMSE$_V$

单一波长的简单线性回归提供了一个合适的离散组合，但信息波长并不都在 RMSE$_V$ 曲线的波峰和波谷处，如果加入配对波长，可以做出更好的组合。通过 SMCVE 的程序，建立和评估运行在整个光谱范围内的二元线性回归模型，努力找出与 18 个离散单波长对应的最佳配对波长（见图 3 - 9）。然后将离散单波长和最佳配对波长放在一起，消除重复，用作建模的信息离散波长组合。得出的离散波长组合总共包括 32 个波长（见表 3 - 7）。可以看出，所列波长大部分是含氮土壤组分官能团的 FT - NIR 响应，如 C—N、N—H 键等。输出离散波长组合显示出用于土壤氮分析的高信噪比。这说明 SMCVE 的方法是相当合理的。

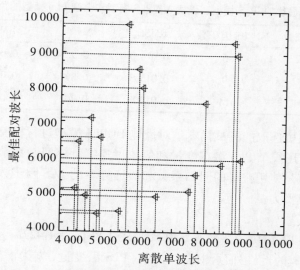

图 3 - 9　18 个选定的离散单波长对应的最佳配对波长

表3-7　包含离散单波长和对应最佳配对波长的32个特征信号波长组合

选定的离散波长组合（cm⁻¹）	9 827, 9 315, 8 957, 8 838, 8 743, 8 532, 8 385, 7 988, 7 925, 7 659, 7 563, 7 464, 7 099, 6 527, 6 395, 6 121, 5 994, 5 895, 5 748, 5 673, 5 458, 5 025, 4 962, 4 914, 4 827, 4 815, 4 799, 4 632, 4 489, 4 358, 4 278, 4 183

注：下划线表示从配对波长中新增加入选的波长。

利用 SMCVE 方法为 PLS 建模提供离散波长组合。为了评估建模改进，PLS 模型由 SMCVE 选择的离散波长组合和移动窗口偏最小二乘法（MWPLS）选择的波段建立。SMCVE 选择的 32 个离散波长作为 PLS 建模的变量，通过调整 PLS 因子（从 1 到 15）和潜在变量，建立和优化离散组合 PLS（DCPLS）模型。选择最优模型，最优 PLS 因子为 6。MWPLS 的移动窗口通过改变起始波长和波长数量在整个光谱范围内运行。每个窗口中的波长用作 PLS 建模的变量。通过调整起始波长、波长数量和 PLS 因子，选择具有建模窗口（6 053～5 136 cm⁻¹）的最佳模型。

同时建立全谱 PLS 模型，并列出 DCPLS、MWPLS 和全谱 PLS 的最佳优化模型及其参数、建模指标和验证指标（见表3-8）。在建模部分，DCPLS 模型和 MWPLS 模型比全谱 PLS 模型给出了更好的预测和验证结果，DCPLS 得到了最好的结果；而在测试部分，DCPLS 模型给出了相对最小值的 $RMSE_T$ 和相应较高的 R_T。结果表明，SMCVE 方法为 DCPLS 建模提供了信息丰富的离散波长组合，因为通过线性回归选择的离散单波长是它们的最佳配对波长，是土壤氮官能团的近红外光谱响应。离散波长组合显示出较高的数据信噪比，克服了光谱数据中的共线性。最优 DCPLS 模型测试结果较好，$RMSE_V$ 为0.014 0，相应的 R_V 为0.923。

表3-8　最优 DCPLS 模型、最优 MWPLS 模型和全谱 PLS 模型的预测结果

	波长数	PLS 因子数	$RMSE_V$	R_V	$RMSE_T$	R_T
DCPLS	32	6	0.014 0	0.923	0.015 4	0.912
MWPLS	232	9	0.015 6	0.897	0.017 6	0.866
全谱 PLS	1 512	14	0.019 4	0.862	0.022 4	0.791

下一步，利用随机选取的测试样本集对最佳 DCPLS 模型进行检验和测试，相应的最佳 PLS 因子为 6。使用 6 个 PLS 潜在变量和氮浓度连续计算回归系数。为了验证，总氮的近红外模型预测值是使用获得的回归系数和验证样本的 PLS 因子数计算得到的。土壤总氮的近红外预测模型为：

$$c_{pred} = b + \sum_{i=1}^{6} k_i u_i$$
$$= 191 - 12\ 467u_1 + 7\ 517u_2 + 2\ 603u_3 - 1\ 861u_4 + 1\ 427u_5 - 702u_6 \quad (3-1)$$

式中，c_{pred} 表示土壤氮的近红外预测值，u_i 表示 PLS 潜变量，k_i 为潜变量的回归系数，b 为回归模型常数项。

图 3 – 10 显示了基于最优 DCPLS 模型的 40 个验证样品的 FT – NIR 预测值与氮浓度之间的相关性。验证样品的 FT – NIR 预测值接近于测量浓度。RMSE$_T$ 和 R$_T$ 分别为 0.015 4和0.912。DCPLS 建模的这个结果是完全可以接受的。这表明 SMCVE 方法能够通过寻找离散单波长以及它们的最佳配对波长来搜索信息波长组合。至于计算的简单性，SMCVE 方法有望成为光谱分析中用于调谐和选择建模波长的强大化学计量技术。

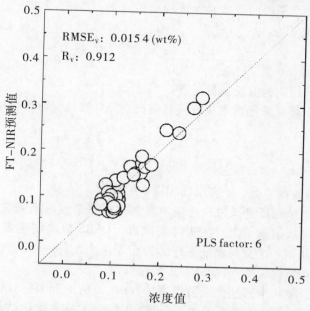

图 3 – 10　基于最优 DCPLS 模型的 40 个测试样本近红外预测效果

六、智能优化设计

神经网络模型作为现代智能化技术的基础，在近红外建模分析中得到了广泛的应用（Afandi et al.，2015）。在农业土壤的近红外检测中，讨论在样本集划分、光谱降噪、子波段筛选等各个环节的特征信息提取和计量学建模方法，研究方法融合的多样化分布式智能学习联合优化方案，为快速检测土壤营养成分建立有效的近红外光谱分析模型。然而，越来越多的证据表明，三层反向传播神经网络（三层 BPN，即仅包含一个隐藏层）足以模拟几乎所有复杂的非线性函数，并且网络的不稳定性随着隐藏层的增加而增加。

以土壤有机质的含量检测为例，在反馈式神经网络的基础上，推广设计 BPN 深度学习（BPN – DL）训练框架，建立近红外定量回归模型。采用适当的多元数据分析方法，优化参数，选择信息变量以提高预测精度并验证模型的稳健性，系统地讨论模型标定过程中的各个步骤，并通过交叉验证对模型参数进行优化。具体研究包括：①通过竞争性自适应重加权采样（CARS）算法减少光谱数据维度；②通过反向传播神经深度学习选择最佳特征变量构建定标模型，训练它的隐藏层数和每层中的节点数均可调；③通过分析基于测试样本的模型不确定性来评估模型的鲁棒性。

竞争性自适应重加权采样（CARS）算法是光谱分析领域波长选择的一种非常适用的

算法。它采用了达尔文进化论所基于的"适者生存"原则，为每个波长变量生成一些权重值，一些权重相对较小的波长变量可以被去除（Li et al.，2009）。研究表明，CARS 在光谱波长的选择方面非常有效且适应性强。CARS 算法的详细过程如下所示。

步骤一，样本划分由蒙特卡罗随机执行。随机选择所有样品的 80% 进行校准。采用常用的 PLS 方法进行训练，确定最优模型。第 i 个波长变量的回归系数为 b_i。

步骤二，保留校准模型的系数并生成权重值（w_i, $i = 1$，2，…，p）。对应于第 i 个波长变量的权重 w_i 定义为：

$$w_i = \frac{|b_i|}{\sum_{i=1}^{p} |b_i|}, \quad i = 1, 2, \cdots, p \qquad (3-2)$$

式中 p 代表全光谱范围内的波长变量总数。

步骤三，使用指数递减函数来执行强制波长选择。波长保留率（RATE）通过以下函数来控制：

$$\text{RATE}_i = \left(\frac{p}{2}\right)^{\frac{1}{n-1}} \times e^{-i \times \frac{\ln(\frac{p}{2})}{n-1}} \qquad (3-3)$$

式中，p 表示波长变量的总数，n 表示训练样本的数量。

步骤四，波长竞争选择是通过自适应地重新加权每个变量来完成的。选择具有较大权重的波长变量以形成信息子集。在迭代 K 次后，CARS 依次创建 K 个信息波长子集来构建 PLS 模型。利用留一法交叉验证来评估 K 个子集中的每一个。选择最优子集的目的是达到交叉验证的均方根误差（RMSE_{CV}）的最低值。

在应用设计中，蒙特卡罗迭代次数设置为 60 次，从 1 到 10 测试了待提取的最佳潜变量数，5 组交叉验证，预处理采用中心化算法完成。CARS 优化结果如图 3-11 所示。图 3-11（a）表示保留特征波数个数与蒙特卡罗迭代次数的关系，图 3-11（b）表示 RMSE_{CV} 的变化趋势。从图 3-11（a）可以看出，所选波数变量呈现下降趋势。这种趋势先快后慢，反映了 CARS 变量选择过程先进行了粗选，然后逐渐进行了细节选择。图 3-11（b）显示 RMSE_{CV} 呈先下降后上升的趋势。迭代次数为 27 次和 43 次时出现两个最小值，对应的最小 RMSE_{CV} 值分别达到 0.216 和 0.258。RMSE_{CV} 在 43 次运行后变大，这意

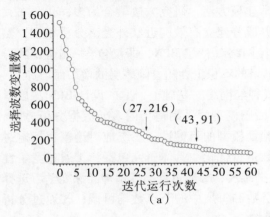

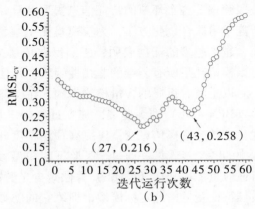

图 3-11　CARS 变量选择示意图

味着光谱数据开始去除一些特征波数。由于最小 $RMSE_{CV}$ 是 CARS 变量选择的目标，将第 27 次运行和第 43 次运行时选择的波数作为最佳结果，因此可以确定分别有 216 和 91 个有效波数。接下来，将应用这些最优的 216 和 91 个特征波数来建立校准模型并使用 BPN－DL 框架测试建模结果。

BPN－DL 框架是在深度学习模式下，通过调整和选择隐藏层的数量和每层的节点数量构建的。在初始的网络形式中，光谱数据向量 $(x_1, x_2, \cdots, x_n)$ 被引入输入层，并在隐藏层和输出层进行处理。借助深度学习的思想，隐藏层数和反向传播圈数可以无限扩展，每个隐藏层的节点数也可以无限增加，仅受当前数据处理单元计算能力的限制。BPN－DL 系统在多个隐藏层中使用不同数量的隐藏节点以及相应数量的反向传播周期进行训练。输出层的第 j 个节点之间的权重，b_j 是第 j 个节点的常在训练开始时，BPN 网络的参数，包括学习系数、动量和迭代次数，用可选值初始化。该网络以调整权重和激活函数的方式进行训练。训练结果将在输出层获得，并进一步进入反向传播循环。深度学习模式将长期推动训练机制寻找可调整的最优权重值，并建立最优校准模型，从而最终提高预测精度。

在第一个隐藏层，每个节点的数据输入定义如下：

$$net_{i_{s_k}}^k = \sum_{i_p=1}^p v_{i_p i_{s_k}} x_{i_p} + a_{i_{s_k}} \quad i_{s_k} = 1, 2, \cdots, s_k, \quad k = 1, 2, \cdots, K \qquad (3-4)$$

式中，$v_{i_p i_{s_k}}$ 是输入层的第 i_p 个节点和隐藏层的第 i_{s_k} 个节点之间的权重，$a_{i_{s_k}}$ 是第 i_{s_k} 个节点的偏差。第 i_{s_k} 个节点的输出定义如下：

$$h_{i_{s_k}}^k = f_{H_k}(net_{i_{s_k}}^k) \quad i_{s_k} = 1, 2, \cdots, s_k, \quad k = 1, 2, \cdots, K \qquad (3-5)$$

式中，f_{H_k} 是第 k 个隐藏层的传递函数。

同样，在输出层的每个节点，数据输入定义如下：

$$net_j = \sum_{i_{s_K}}^{s_K} w_{i_{s_K}, j} h_{i_{s_K}}^K + b_j \quad j = 1, 2, \cdots, J \qquad (3-6)$$

式中，K 代表最后一个隐藏层（K 的值可以初步指定），$w_{i_{s_K}, j}$ 是隐藏层的第 i_{s_K} 个节点量偏差。第 j 个节点的输出定义如下：

$$o_j = f_O(net_j) \qquad (3-7)$$

式中，f_O 是输出层的传递函数。由于研究只需要一个因变量进行预测，所以只有一个输出节点，因此有 $j=1$，net_1 是 BPN－DL 网络输出综合变量，o_1 是输出数据。

输出值（o_1）在很大程度上受隐藏层中的权重值（$v_{i_{s_{k-1}} i_{s_{k+1}}}$）和输出权重（$w_{i_{s_{K'}, j}}$）的影响，这些值由网络本身根据训练过程中传递回来的结果误差自动调整：

$$E = \sum_{i=1}^n (o_1(i) - y(i))^2 \qquad (3-8)$$

式中，E 是自定义误差函数，$o_1(i)$ 是校准/验证样本的输出预测值，$y(i)$ 是实际值，n 是定标—检验过程中或是在测试过程中的目标样本数。

对于反向传播，E 将被推回，以细化每个神经元的权重。在第 $n+1$ 个迭代步骤中，第 i_{s_K} 个隐藏节点和第 j 个输出节点之间的权重变化量 $\Delta w_{i_{s_K}, j}$ 可以修改为：

$$\Delta w_{i_{s_K}, j}^{n+1} = -\alpha \frac{\partial E}{\partial w_{i_{s_K}, j}} + \beta \Delta w_{i_{s_K}, j}^n \qquad (3-9)$$

式中，α 和 β 分别是学习率和动量。并且第 $i_{s_{k-1}}$ 个输入节点（或隐藏节点）和第 $i_{s_{k+1}}$ 个隐藏节点之间的权重变化量可以修改为：

$$\Delta v^{n+1}_{i_{s_{k-1}} i_{s_{k+1}}} = -\gamma \frac{\partial E}{\partial v_{i_{s_{k-1}} i_{s_{k+1}}}} + \delta \Delta v^{n}_{i_{s_{k-1}} i_{s_{k+1}}} \qquad (3-10)$$

式中，γ 和 δ 跟 α 和 β 类似，分别定义为学习率和动量。给定每个权重的学习率、动量和初始值，可以自动逐步训练算法，直到误差函数收敛到最小值。

为了评估建立的 BPN-DL 模型的鲁棒性，使用 Scepanovic 提出的方法研究模型的不确定性（Scepanovic et al.，2007），测得的光谱（$a_{p \times 1}$）的函数表达式为：

$$a = Tb + \varepsilon \qquad (3-11)$$

式中，$T_{p \times n}$ 为模型的成分变量项，$b_{n \times 1}$ 为模型的常数项系数，$\varepsilon_{p \times 1}$ 表示噪声。

模型不确定性分析通过曲线拟合来估计最佳回归系数 b，且通过标准差进行定量识别。假设高斯噪声是由 Cramér-Rao 下界设置的（Kay，1993），可以将矩阵 T 分解为：

$$T = HD \qquad (3-12)$$

式中，D 是对角矩阵。D 的第 j 个对角线项（表示为 d_j）被转移到 T 中第 j 个分量的欧几里得范数，因此矩阵 H 也被归一化。b_j 的标准偏差可以用公式估计：

$$\text{std}(b_j) = \frac{\lambda}{d_j} \sqrt{(H^T H)^{-1}} \qquad (3-13)$$

式中，λ 代表测量噪声，d_j 用来量化记录第 j 个模型组件的信号强度。$\sqrt{(H^T H)^{-1}}$ 表示第 j 个分量和其他 $n-1$ 个分量之间的频谱重叠。

实验表明，λ 因样本而异，而 d_j 和 H 与样本无关。为了估计模型参数的不确定性，重复测量了 20 多次，从每个单独的测量中提取稳健性检验并计算标准偏差。

应用 BPN-DL 框架来改进近红外定标模型。采用 CARS 选择的特征变量作为 BPN-DL 模型的输入变量。在训练部分，将 100 个训练样本的具有 216 或 91 个波数的光谱数据矩阵输入到 BPN-DL 框架中。该框架将通过不断反向传播预测误差来训练权重和传递函数。通过无限增加隐藏层的数量（K）和每个隐藏层的神经节点的数量（s_k）来激活深度学习模式，直到计算复杂度超出当前流行配置的计算机内存为止。结果建立了多达 32 个隐藏层和 50 个节点（即 $K=32$ 和 $s_k=50$）的 BPN-DL 模型。根据均方根误差（RMSE_{NT}）评估每个模型的能力。

插页附图 2 和附图 3 显示了可能的 BPN-DL 模型在不同 K 和 s_k 取值下的训练结果，分别是 216 个变量（CARS 27 次迭代）和 91 个变量（CARS 43 次迭代）。在附图 2（a）和附图 3（a）中，彩色曲面代表每个 BPN-DL 模型对应于指定数量的隐藏层和指定数量的神经节点的预测结果。为了找到最佳模型，以搜索最小 RMSE_{NT} 为目标在两个参数轴上生成了投影。附图 2（b）和附图 3（b）描述了对应于每个隐藏层数（k，$k=1$，2，…，32）的最小 RMSE_{NT}；而附图 2（c）和附图 3（c）描绘了对应于每个节点数（i_{s_k}，$i_{s_k}=1$，2，…，50）的最小 RMSE_{NT}。

从附图 2 可以发现，对于 216 个输入变量，当应用 19 个隐藏层和 46 个神经节点时，出现了最优的 BPN 模型，最小 RMSE_{NT} 达到 0.123。一些可用的最佳 BPN 模型应该构建为具有超过 16 个隐藏层和超过 35 个神经节点。类似地，从附图 3 可以看出对 91 个输入变量的模型预测效果。当使用 22 个隐藏层和 30 个神经节点时，最佳 BPN 模型获得的最小 $RMSE_{NT}$ 为 0.104。一些可用的最优模型可以有更少的节点数，但其对应的隐藏层数量会多于 14 层。

为了表明 BPN – DL 框架具有更好的预测性能，将 BPN – DL 与一些经典方法（如 PCR 和 PLS）进行比较，同时，只有一个隐藏层的 BPN 模型也被纳入比较中。表 3 – 9 显示了 PCR、PLS、BPN 和 BPN – DL 方法得到的最优训练结果和对应的最佳预测结果。如表所示，BPN – DL 模型的 $RMSE_{NT}$ 比其他模型略小，并且在训练过程中的相关系数（R_{NT}）也较高。结果表明 BPN – DL 框架在模型训练和测试过程中都具有良好的泛化性能。表 3 – 9 中的相对预测误差（相对 $RMSE_{NT}$ 和相对 $RMSE_T$）也是用于详细比较的重要指标。它们的计算方法是将均方根误差除以实验样品的实际有机质含量的平均值。还输出神经训练样本和测试样本（即 RPD_{NT} 和 RPD_T）的残余预测偏差，以便评估模型的可靠性。

表 3 – 9　PCR、PLS、BPN 和 BPN – DL 模型对检验样本和测试样本的预测结果

	输入变量数	$RMSE_{NT}$	相对 $RMSE_{NT}$	R_{NT}	RPD_{NT}	$RMSE_T$	相对 $RMSE_T$	R_T	RPD_T
PCR	1 050	0.383	14.7%	0.859	2.854	0.563	19.3%	0.790	2.665
PCR + CARS	216	0.291	11.2%	0.897	3.785	0.462	15.9%	0.814	4.630
	91	0.257	9.9%	0.923	4.683	0.427	14.7%	0.842	3.065
PLS	1 050	0.324	12.4%	0.876	3.352	0.515	17.7%	0.802	2.446
PLS + CARS	216	0.273	10.5%	0.914	3.303	0.447	15.4%	0.838	4.789
	91	0.236	9.0%	0.928	5.371	0.414	14.2%	0.843	3.499
BPN	1 050	0.296	11.3%	0.880	3.964	0.456	15.7%	0.821	3.138
BPN – DL + CARS	216	0.123	4.7%	0.935	4.373	0.386	13.3%	0.866	3.549
	91	0.104	4.0%	0.956	5.759	0.279	9.6%	0.912	5.375

PCR 和 PLS 模型的预测结果不如 BPN 和 BPN – DL 模型。这是因为土壤中含有多种营养成分，原始光谱数据是复杂的非线性数据集。包含有机质含量信息的特征变量很难被线性模型识别。BPN 模型将数据输入到一个神经元特征节点，通过激活函数进行刺激和传递，这是克服线性建模约束的关键。但是由于节点和隐藏层的数量在训练和测试过程中都受到限制，无法对 BPN 进行扩展优化，因此深度学习理论的应用是非常必要的，对比结果证实了在最优的 BPN – DL 模型上观察到了最好的预测结果。

由于 CARS 参数优化是通过内部交叉验证实现的，特征波数的数量没有变化，选择的 216 个和 91 个波数可供测试。所有的 PCR、PLS、BPN 和 BPN – DL 模型都针对 CARS 选择的 216 个或 91 个特征波数重新建立。结果表明 CARS 的变量选择对模型进行了进一步的改进，指定的特征波数对模型改进起到了很好的作用。因此，结合 CARS 算法的 BPN – DL 框架体现了其理论上很好的泛化能力，具有比其他回归方法更好的预测效果。

第二节　农业水污染信息检测的智能分析模型

一、背景

水资源是农业环境系统和社会经济环境发展的基本资源，水关系着区域农业和可持续生物环境发展相关的循环的各种要素，农业水污染是一个严峻的问题，随着社会生产的发展，工业工厂不断排放含有多种化学元素的废水，从而增加了水污染的风险。严重的水污染会破坏对生命至关重要的水系统，从而对人类造成严重伤害（Novotny & Hill，2007），直接影响动物的生存和繁殖以及人类的日常生活。对农业水污染的精确评估可以为合理开发利用区域水资源，促进社会可持续发展提供科学依据（Giuliano，2003）。

鉴于水的化学成分分子结构和官能团是复杂且相互依存的，可以将污染水视为单一的复杂分析物（Roebeling et al.，2015）。因此，很难直接量化每个目标成分。根据环境化学的知识，化学需氧量（COD）是污染水治理过程中可消耗的氧气量的指标，COD 测试可用于量化地表水或废水中可氧化污染物的数量（Pasztor et al.，2009）。传统的 COD 测试方法是氧化，耗时且受手动操作的影响很大。因此，需要一种有效的技术来快速准确地检测污水处理中的 COD。

将近红外光谱技术应用于农业水污染的快速检测，需要一组具有已知 COD 值的训练样本作为先验知识。在测得的光谱数据与准备好的 COD 值之间的关系回归的基础上构建定标模型，然后使用一组未知 COD 的测试样本对模型进行评估。在现代化的智能光谱分析中，计量学算法以数据驱动和事件触发模式运行，机器学习方法的研究是光谱计量问题转向智能化发展的关键一环。

二、水样本

从农田污染水源的化工处理作业废水中共采集农业污染水样 83 份。所有样品的 COD 值均采用高锰酸钾氧化法测定（Ma et al.，2016），用作基于近红外光谱智能分析的参考值。所有样本的 COD 值范围落在 $52 \sim 382$ mg/L，平均值和标准偏差分别为 232.2 和 97.2。

使用丹麦福斯公司的 FOSS NIR Systems 5000 光栅光谱仪采集污水样本的近红外光谱，仪器配备的是 InGaAs 检测器。检测过程中，实验室环境温度为 25 ± 1℃，相对湿度为 $46 \pm 1\%$ RH。光谱的全扫描范围设置为 $780 \sim 2\,500$ nm，分辨率为 2 nm，生成 860 个近红外波长数据点。每个样品测量三次，计算平均光谱用于建模分析。

参考值涉及污水样本中的有机成分和无机成分信息，近红外技术主要是针对有机目标进行定标建模预测，因此一些无机成分的存在被认为是干扰项，会造成一些模型预测误差。为了利用近红外光谱技术的优势，不使用实验室方法来区分有机物质和无机物质的含量值，相反，直接研究新型智能化光谱计量学方法，使得模型尽量少受这些干扰的影响。

关于建模样本和测试样本的划分，首先假设测试样本未知，其 COD 值由训练模型计算。模型预测值和化学测量值用于计算 RMSE（测试样本表示为 $RMSE_T$），RMSE 用于评估训练模型的预测性能。随机选择 28 个样本（数量占比约 33%）作为测试集样本，剩余的 55 个样本用于建模研究。

三、支持向量机核函数优化

在使用近红外技术定量测定污染水样中的 COD 时，讨论并验证 LSSVM 模型中的不同核函数作为最佳机器学习型校准的有效性。具有适当操作核函数的 LSSVM 算法可以构建高维函数空间，使得数据建模能够符合简便的朗伯—比尔定律定义的线性关系，适用于基于多目标近红外光谱对污水 COD 值的预测。使用分层网络生成的内核可以执行深度学习，以增强模型对过拟合的抵抗力。利用核函数 $\varphi(\cdot)$ 构建一组线性方程以降低与支持向量相关的优化复杂度（Tian et al.，2018b）。

在算法过程中，核函数 $\varphi(\cdot)$ 在特征空间中构造对应的特征数据，由原始光谱数据变换而来，并通过最小化对抗预测误差调节的权重构造决策函数，即：

$$Q = \min\left(\frac{1}{2}\|w\|^2 + \gamma\|\varepsilon\|^2\right) \text{ s. t. } \quad y = w^{\mathrm{T}}\varphi(x) + b + \varepsilon \qquad (3-14)$$

式中，γ 是正则化参数，可以通过调整它来防止过拟合。于是，这样的凸优化问题可以转化为拉格朗日（Lagrange）乘子的形式进行解决：

$$L(w, \varepsilon, \alpha) = \frac{1}{2}\|w\|^2 + \gamma\|\varepsilon\|^2 + \alpha(w^{\mathrm{T}}\varphi(x) + b + \varepsilon - y) \qquad (3-15)$$

式中，α 是拉格朗日乘子。通过求解拉格朗日函数得到 $w = \alpha \cdot \varphi(x)$ 和 $\varepsilon = \alpha \cdot \frac{1}{2\gamma}$。因此，COD 的预测值（表示为 $\hat{y} = \{\hat{y}_i \mid i = 1, 2, \cdots, n\}$）可以按以下方式确定：

$$\hat{y} = \alpha \cdot K(x, x_i) + b \qquad (3-16)$$

式中，$K(x, x_i)$ 代表空间变换的核函数，定义为 $K(x, x_i) = \varphi(x) \cdot \varphi(x_i)$；$x$ 代表测试样品的近红外光谱数据；x_i 对应变换后的数据，是训练样本光谱数据的线性组合，而且以 COD 值作为加权变换。α 依赖于正则化参数 γ，即 $\alpha = (x_i^{\mathrm{T}}x_i + \frac{1}{2\gamma})^{-1}$。因此，LSSVM 模型的预测输出是通过调整正则化参数和核函数参数来确定的。通过联合调节正则化参数 γ 与核函数 $K(x, x_i)$ 来寻找 RMSE 的最小值，以确定回归参数 (w^{T}, b) 的适当取值（Chen et al.，2018b）。通过分配连续变化、等间隔变化或对数连续变化的值来调整 γ。具体来说，核函数 $K(\cdot)$ 的选择对 LSSVM 模型的优化起到了决定性的作用。而不同的核函数将在各种高维空间中生成不同形式的特征数据。因此，LSSVM 作为近红外分析中常用的机器学习定标建模方法，必须对它的核函数进行优化。接下来讨论六种常用的核函数（见表 3-10）。线性核是最简单的核函数，通常适用于拟合原始线性数据。多项式核是一个全局函数，可以高效应用于正交归一化数据，这个内核预设一个常数项，并且需要调整多项式的次数。径向基函数是 SVM 学习中最常用的内核，可以表示成指数、拉普拉斯或高斯函数的形式。特别地，当核被排除在调查之外时，高斯径向基函数被认为是 LSSVM 优化的最佳选择。Sigmoid核最初是在对用于数据挖掘的神经网络的研究中生成的，它经常被用作神经元的激活函数，用于机器学习和深度学习。

表 3 – 10　LSSVM 算法的六种常用核函数

函数名称	函数表达式
线性核函数	$K\ (x,\ x_i)\ = x^{\mathrm{T}} \cdot x_i + c$
多项式核函数	$K\ (x,\ x_i)\ =\ (x^{\mathrm{T}} \cdot x_i + c)^d$
指数核函数	$K\ (x,\ x_i)\ = \exp\ (-\dfrac{\parallel x - x_i \parallel}{2\sigma^2})$
拉普拉斯（Laplacian）核函数	$K\ (x,\ x_i)\ = \exp\ (-\dfrac{\parallel x - x_i \parallel}{\sigma})$
高斯（Gaussian）核函数	$K\ (x,\ x_i)\ = \exp\ (-\dfrac{\parallel x - x_i \parallel^2}{2\sigma^2})$
S 型（Sigmoid）核函数	$K\ (x,\ x_i)\ = \tanh\ (\rho \cdot x^{\mathrm{T}} \cdot x_i + c)$

核函数能够帮助 LSSVM 模型防止过拟合，设计一个简单的感知器网络嵌入 LSSVM 模型中来构建新的核函数，以实现模型优化的深度学习，其中网络神经元使用逻辑函数来激活（Kudryashov，2015）。逻辑函数设计如下。

假设存在数据集 $\{(x_i,\ y_i)\}_{i=1}^n$，其中 x_i 为近红外光谱特征数据，y_i 为二元类标签，$y_i \in \{\theta_1,\ \theta_2\}$。最简单的逻辑回归公式为：

$$P_1(x)\ = \frac{1}{1 + \exp\ (-\ (\beta^{\mathrm{T}} x + \beta_0))} \tag{3-17}$$

式中，$P_1(x_i)$ 表示 $y_i = \theta_1$ 的概率。$\beta \in R^d$ 和 $\beta_0 \in R$ 是回归系数，可以通过对数似然概率的最大化来估计：

$$\mu\ (\beta,\ \beta_0) = \sum_{i=1}^n y_{i1} \ln P_1(x_i) + (1 - y_{i1})\ \ln(1 - P_1(x_i)) \tag{3-18}$$

$$\mathrm{s.\,t.} \qquad y_{i1} = \begin{cases} 1, & \text{if } y_i = \theta_1 \\ 0, & \text{if } y_i = \theta_2 \end{cases}$$

针对 $y_i \in \{\theta_1,\ \theta_2,\ \cdots,\ \theta_K\}$ 进行多项逻辑回归，类归属 θ_k 的后验概率表示为：

$$P_k(x)\ = \frac{\exp\ (\beta_k^{\mathrm{T}} x + \beta_{k0})}{\sum_{l=1}^K \exp\ (\beta_l^{\mathrm{T}} x + \beta_{l0})} \tag{3-19}$$

式中，系数 $(\beta_k,\ \beta_{k0})$，$k = 1,\ 2,\ \cdots,\ K$ 可以通过最大化二项式条件似然概率来估计，它可以将数据特征 $\beta_k^{\mathrm{T}} x + \beta_{k0} \in R$ 通过线性组合转化成为 $[0,\ 1]$ 之间的概率值，这个过程通常被称为 Softmax 变换。

假设非线性逻辑回归的性能等同于应用于深度学习的感知器神经网络的性能，构建一个非线性函数 $f(x)$ 来将数据从 R^d 映射到 R。因此，$f(x)$ 被认为是从数据 $\{x_i\}$ 中提取的一个新特征。如果应用多个函数，则可以构建神经网络。该网络包括若干基本感知器神经元层。每层计算一个新特征向量作为前一层输出的函数。输出层通常是具有 K 个输出神经元的 Softmax 层（见图 3 – 12）。通过最小化机器学习中定义的损失函数来同时估计新特征 $f(x)$ 和系数 $(\beta_k,\ \beta_{k0})$。鉴于逻辑网络的构建是用来优化 LSSVM 模型的核函数，输出神经元的数量通常设置为等于输入的数量（即 $K = d$）。如果网络由多个隐藏层（L）构建，那么深度学习框架可以嵌入 LSSVM 模型中进行优化（Chen et al., 2020a）。

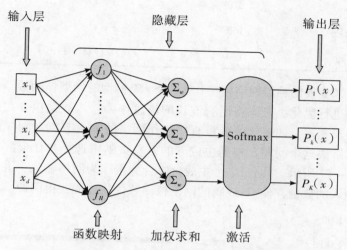

图 3 – 12　具有广义逻辑回归的感知器神经网络结构

上述算法设计将应用于不同的层（L）和每一层里面的不同神经元模型（H）来进行数据训练，所涉及的包括学习系数、动量和迭代次数在内的网络参数均可调试，在初始状态需要对它们进行初始化，然后参与网络训练。

利用不同核函数的 LSSVM 模型对 83 个污染水样本进行近红外光谱建模，预测样本的 COD 值以评估水污染程度。由于训练样本的数量不多，在模型训练时设计五重交叉验证程序，采用网格搜索模式对这些参数进行筛选，以减少预测误差，并降低过拟合的可能性，然后使用测试样本对模型进行评估。

在参数调试的设计上，正则化参数从 10 增加到 300，每次增加步长为 10。多项式核函数中调试多项式的次数为 2、3、4、5、6。在径向基核函数（指数、Laplacian 和 Gaussian）中，核宽度 σ 从 1 连续变化到 20，对应的 σ^2 将按照相应的平方数跳跃增加到 400。Sigmoid 核函数中的斜率 ρ 设置为 $\rho = 1/n$，其中 n 的调试从 1 变化到 55，即训练样本的数量不断变化，线性核函数不需要设置调整的参数。网格搜索 LSSVM 模型是通过训练数据的参数调整建立的。根据获得的最小 $RMSE_{CV}$（见表 3 – 11）获得最佳参数和预测结果。

表 3 – 11　不同核函数对应的五重交叉验证 LSSVM 模型的最优预测结果

	γ	核参数	$RMSE_{CV}$（mg/L）
线性核函数	240	—	46.4
多项式核函数	170	$d = 5$	41.6
指数核函数	190	$\sigma = 14$	32.9

（续上表）

	γ	核参数	$RMSE_{CV}$ （mg/L）
Laplacian 核函数	210	$\sigma = 17$	36.7
Gaussian 核函数	160	$\sigma = 11$	29.4
Sigmoid 核函数	130	$\rho = 1/34$	27.5

　　构建基于逻辑变换的神经网络模型作为 LSSVM 模型的新型核函数，利用深度学习的模式对网络结构进行优化。考虑将所有波长的信息作为输入数据包含在内。原始测量光谱包含 860 个波长变量。如果这些变量直接用作网络的输入节点，则深度学习的计算可能会过载。为了解决这个问题，根据主成分的方差贡献率选择 860 个波长中的代表性信息变量，如图 3 – 13 所示，共有 82 个主成分综合变量作为网络输入，并将输出节点的数量设置为等于输入的数量，使 LSSVM 的网络核函数优化过程变得简便。

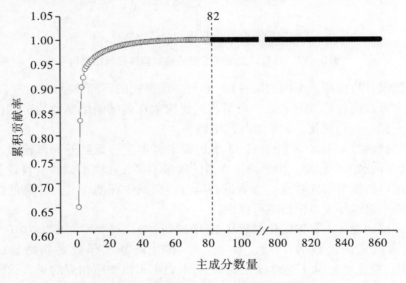

图 3 – 13　主成分对 860 个波长的方差贡献

　　在网络训练中，通过调整网络模型中的 L 值和 H 值来测试网络，将 L 设置为从 1 变化到 8，将 H 设置为从 1 变化到 20。根据预测误差和相似程度来自适应选择学习系数（0.01 ~ 0.5）、动量（0.05 ~ 0.45）和迭代次数（300 ~ 2 400）。把 L 和 H 参数可调试的网络结构嵌入 LSSVM 模型优化，联合调试 LSSVM 的参数 γ 从 10 变化到 300，步长为 10，通过筛选（L，H，γ）组合参数来优化具有网络核函数的 LSSVM 模型。利用五重交叉检验模式建立所有可能的模型，以网格搜索的方式找到最佳参数以获得最小的 $RMSE_{CV}$。图 3 – 14 显示了 γ 的每个取值对应的最优结果。从图中可以看出，当 $\gamma = 170$ 时能够获得的最小 $RMSE_{CV}$ 为 20.19 mg/L，该均方误差值仅为 COD 平均值的 9.02%。除了最优结果之外，还能够找到若干个其他的 γ 取值，提供了较小的模型预测误差，可供模型设计参考。如果将 COD 平均值的 10% 作为评价模型性能的标准，则 γ 取值为 90、100、110、160 和

210 都能给出可接受的模型预测结果，它们对应的最小 $RMSE_{CV}$ 分别为 21.46 mg/L、21.14 mg/L、21.27 mg/L、20.45 mg/L 和 21.35 mg/L。然后研究了基于这六个 γ 取值的网络核性能，并根据 $RMSE_{CV}$ 探讨 L 和 H 在网格搜索中的变化。训练结果在插页附图 4 中以等值彩色图的方式呈现，颜色越冷代表 $RMSE_{CV}$ 的值越小。L 和 H 的网络训练的输出结果都保持在 36 mg/L 以下，是 COD 平均值的 15%。最佳最优参数（L，H）分别被确定为（5，12），并且在 γ 值为 160 和 170 时观察到了许多预测性能不错的结果。这些结果可以为水污染检测提供很好的智能化参数设计方案，使得近红外定标预测模型更为简单。

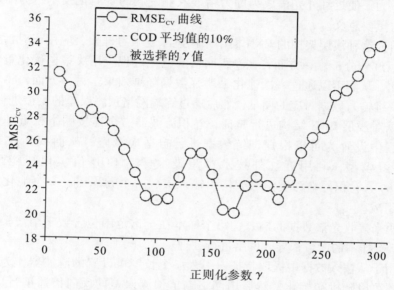

图 3-14　每一个 γ 取值对应的最优 $RMSE_{CV}$

综上，基于逻辑网络的 LSSVM 核函数优化模型取决于参数组合（L，H，γ）的联合选择，当（L，H，γ）取值为（5，12，170）时，对应的近红外光谱深度学习模型对污水 COD 快速预测的效果最优，也就是说，此时用于 LSSVM 模型嵌入深度训练的网络核函数设计为 5 个隐藏层，且每层构造 12 个节点。针对这个网络结构进行 LSSVM 模型训练，调试最优的正则化参数 γ 为 170，得到的预测结果 $RMSE_{CV}$ 为 20.19 mg/L。结果表明，基于网络内核的 LSSVM 模型的建模优化结果优于使用其他通用核函数的 LSSVM 模型。

四、卷积神经网络深度训练模型

卷积神经网络（CNN）是当今最流行的网络架构之一。典型的 CNN 结构一般包括输入层、卷积层、池化层和全连接层（Lecun et al.，2015），通常用于网络处理的输入数据是平面图像（二维数据）或彩色图像（高维数据）。模型使用多个过滤器进行训练，在卷积层中生成多个堆叠的特征图，因此特征图始终处于高维。特征图的维度需要在池化层中减少，然后结合平摊操作将特征转换为一维向量，构建全连接网络分析模型。基于 CNN 架构的分析模式已成功应用于人脸识别、语言处理、年龄预测、时间序列分类等图像分析领域（Antipov et al.，2017；Russakovsky et al.，2015）。在此基础上，讨论如何有效地使用 CNN 进行一维（1D）光谱数据分析。

近红外光谱数据是一种一维属性的多变量数据，利用 CNN 模型分析，输入数据是通过仪器测量对不同样本生成的多个一维光谱向量。当 CNN 遇到一维输入数据时，建立一个只有一个卷积层和一个池化层的浅层架构可以使建模计算过程简便高效，并且可以在这个简单的网络架构中嵌入深度学习模式的应用研究。针对一维输入数据，卷积网络的滤波器可以设计为向量，测试最大池化计算方法在简单浅层架构中的适用性，如果最大池化不能保证降维效果良好，需要研究其他智能算法进行池化，如决策树、逻辑映射、梯度提升等。为了使近红外光谱成为助力精准农业发展的智能化技术，提高近红外光谱定标能力具有重要意义。

在此，研究这种浅层架构的 CNN 模型来构建深度学习框架，应用于对污染水样本的 COD 值进行近红外分析。一方面，在卷积网络的池化过程应用决策树优化策略来代替常规的最大池化，从而可以通过一次池化来增强数据降维效果。另一方面，将卷积滤波器初始化为与一维输入数据对应的向量，然后通过终端网络预测误差的反馈进行动态训练。基于训练数据对浅层 CNN 结构进行验证，卷积滤波器、全连接网络权重和其他结构参数在建模过程中设置为可以根据训练数据进行自适应调整，从而找到并调整最优的 CNN 深度学习模型，利用近红外技术对污染水样本 COD 值实现智能预测（Chen et al.，2020b）。卷积网络深度学习架构由输入层、一个卷积层、一个池化层、平摊层和全连接层组成。

输入层用来接收光谱数据的输入，每个样本在全谱范围包含数千个波长，视为一维向量输入。所有样本的向量都导入网络进行处理。

卷积层用于从输入数据中提取特征。引入一个长度可设置的滤波器作为卷积滤波的权重。滤波器可以随机初始化，然后用网络输出预测误差的反向传播进行训练和调整，但滤波器长度应在训练前预先设置，固定长度的过滤器将在输入向量上滑动，对每一次滑动所覆盖的数据范围进行局部加权求和计算，将数据转换为特征空间。滤波器的滑动步幅可调，它表示滤波器滑过一次的波长数。变换后的特征数据被认为具有更丰富的待测信息。考虑到模型的简单性，这个卷积层不设计填充操作。因此特征数据的宽度（W_{feature}）由输入全范围波段的宽度（W_{input}）、滤波器长度（L_f）和滤波器滑动的步幅（S）决定。它们之间的关系定义为：

$$W_{\text{feature}} = \left[\frac{W_{\text{input}} - L_f}{S}\right] + 1 \qquad (3-20)$$

式中，符号［·］表示向下取整运算。将特征数据进一步传递给激活单元，激活函数可以是线性的，也可以是非线性的，通常会使用 relu 函数（Krizhevsky et al.，2017），形成：

$$y = \begin{cases} x, & x \geqslant 0 \\ 0, & \text{otherwise} \end{cases} \qquad (3-21)$$

池化层用于从特征波段中选择信息波长，最流行的池化方法是最大值池化或平均值池化，但这两种池化作用不涉及参数调试过程，对于误差反馈型的网络优化过程并不适用，而决策树策略可提供一种更为智能的自适应池化方法。

平摊层将池化层输出的向量群重新排列组合成为一个一维向量。对于一维光谱的输入数据，先前使用多个卷积滤波器进行滤波，所对应的池化输出处于并行状态，但对于下一阶段的全连接网络训练而言，需要将这些并行的特征数据平摊为一个向量进行处理。平摊的过程中对不同并行单元中重复选取的特征变量进行舍去操作。

全连接层是一个常规的前馈分层网络，其中包括输入神经元、隐藏神经元和一个Softmax 回归单元，以构建线性回归模型计算预测误差。输入神经元的数量等于池化层的输出数量，隐藏神经元的数量（N_{hidden}）是一个可以调整的参数，通过调试 N_{hidden} 的不同取值能够实现近红外对定量分析模型的优化，模型的预测误差作为整个 CNN 架构的终端输出，同时也可以反向传递到卷积层去调整滤波器权重。

通常情况下，CNN 架构允许使用多个卷积滤波器，以生成相应数量的特征数据用于池化，因此，滤波器的数量（N_f）是设计的浅层 CNN 架构中的核心调整参数。

将 55 个农业污水样本的光谱数据输入到 CNN 网络架构中进行模型训练。每个样本向量包含 860 个变量（即 $W_{\text{input}} = 860$）。卷积滤波器被随机初始化为一个长度为 20 的 0 ~ 1 向量（即 $L_f = 20$），并以 2 的步长（即 $S = 2$）滑过每一个输入向量。对于滤波器的每次滑动，使用过滤器权重计算 20 个变量的局部求和，以生成卷积特征数据。卷积特征（W_{feature}）的长度可确定为 $W_{\text{feature}} = [(860 - 20)/2] + 1 = 421$。滤波器的数量选择 $N_f = \{2^\tau \mid \tau = 1, 2, 3, 4, 5\}$ 对 CNN 模型进行了测试，分别对应 2、4、8、16 和 32 个滤波器。卷积生成一系列长度固定的特征向量，标记为 $\{\text{feature}_1, \text{feature}_2, \cdots, \text{feature}_n\}$，其中 n 等于每个 N_f 值。一般来说，N_f 的选择和基于决策树的池化过程是利用输出预测误差（即 RMSE_C）的反向传播进行调优的。

对卷积层输出的特征数据进行池化操作。池化过程采用决策树自适应生长的模式。每个特征分为 k 个分支，其中 k 值可以设置，这里设置为 2、4、6、8 和 10 这几个具体取值，根据分支数据的不纯度的下降量来确定决策树生长的最佳分支。

对不同批次的卷积滤波器进行比较，树分支的测试是联合的，因此最终可以通过包含变量来识别从 feature_i 中选出的最佳分支。这样，feature_i 的维度就降到了 t_i。为下一层准备了几组变量的组合（即 $\sum_i t_i$ 并删除重复变量）。例如，如果使用 2 个过滤器（即 $N_f = 2$），在卷积层中生成了 2 个特征（feature_1 和 feature_2），那么这 2 个特征分别用于决策树池化，分别做 $k = 2$、4、6 和 8 的决策树测试。对于不同 k 值计算不纯度的下降量，用 ΔGini 来衡量，分别为 feature_1 和 feature_2 确定了具有最大 ΔGini 的最佳划分，利用留一交叉验证的 PLS 回归从最佳划分中选择最优分支，feature_1 的最优分支包含 157 个变量（即 $t_1 = 157$），feature_2 的最优分支包含 98 个变量（即 $t_2 = 98$）。将 157 个和 98 个变量经过去重后传到下一层。根据 N_f 的不同取值生成不同批次的过滤器，测试 ΔGini 值，图 3 - 15 给出了 2、4、8、16 和 32 个滤波器生成的系列特征的最佳 ΔGini，对应的 CNN 网络输出的变量组合分别包括 243、427、751、1 148 和 2 094 个变量，从图中可以看出，32 个滤波器的特征最多，具有相对较大的 ΔGini，具有获得 CNN 最佳训练的潜力。

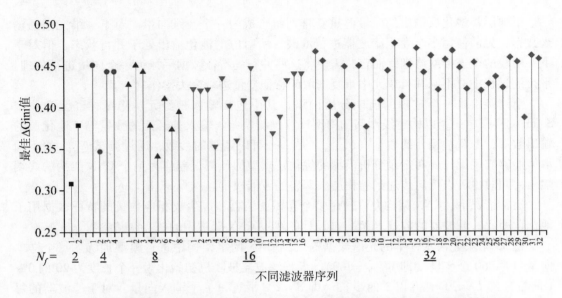

$N_f =$ **2**   **4**   **8**   **16**   **32**

不同滤波器序列

图 3 - 15　分别由 2、4、8、16 和 32 个卷积滤波器生成的系列特征变量的最佳 ΔGini 值

　　将最优变量组合传递到平摊层排列成一个列向量，然后输入到全连接网络层进行网络优化。全连接层是带有一个隐藏层的结构，隐藏神经元（N_{hidden}）的数量可变，分别构建 $N_{hidden}=4$，8，16，32 的不同的网络结构，寻找重要的信息变量，进而在 Softmax 中使用简单的 MLR 回归。比较不同的回归结果，以选择最佳的 N_{hidden} 取值，得到基于 55 个训练样本的近红外光谱模型的最佳训练 $RMSE_C$。然后将 $RMSE_C$ 反向传播到卷积层中用来修改卷积滤波器的取值，采用 Delta 规则来完成对滤波器的迭代训练（Huk，2012）。经过 8 轮的反向传播，实现滤波器取值的动态调整，旨在获取最小训练误差，如图 3 - 16 所示。

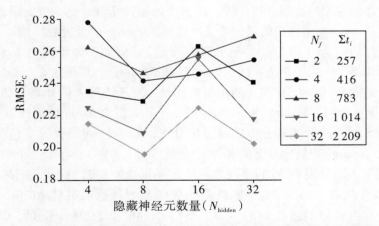

图 3 - 16　经过卷积滤波器动态调整后的优化卷积网络模型最小训练误差

　　浅层 CNN 架构的深度学习通过调整卷积层中的 N_f 取值、决策树池化中的 k 值、全连接网络中 N_{hidden} 的取值，并配合预测误差反向传播的机制来完成网络优化，所设计的卷积网络优化算法架构应用于农业污水样本 COD 值的近红外定量分析。针对 55 个训练样本，

CNN 最佳模型结构为：使用 32 个卷积滤波器（$N_f = 32$），池化时使用 8 个分支的决策树模型，平摊之后形成一个包含 2 094 个变量的向量，进一步输入到具有 8 个隐藏神经元的全连接网络（$N_{hidden} = 8$）。在 Softmax 中使用 MLR 模型，最终获得最佳训练模型的预测结果 $RMSE_C$ 为 19.86 mg/L，R_C 为 0.938。这些优化识别参数嵌入 CNN 架构中，以构造特定的 CNN 最佳结构模型，用于对农业污水 COD 值的近红外光谱定量预测，预测对象是不参与前期训练过程的 28 个独立的测试样本，得到针对这 28 个测试样本的 MLR 回归模式为：

$$y_i = \sum_{j=1}^{8} b_j \cdot x_{i,j} \quad i = 1, 2, \cdots, 28 \qquad (3-22)$$

式中，下标 i 指向第 i 个样本，y_i 代表模型预测的 COD 值，$x_{i,j}$（$j = 1, 2, \cdots, 8$）代表隐藏神经元产生的 8 个变量，$[b_j]_{8 \times 1}$ 为回归系数向量，包含 8 个回归系数，经过训练得到的优化系数向量为 [-6.44，13.68，-19.87，-10.95，4.42，25.46，-15.99，9.67]。获得的最佳模型针对验证样本的预测结果 $RMSE_v$ 为 25.47，R_v 为 0.914。

实验结果表明，决策树算法适合用于浅层 CNN 架构中关于池化环节的创新型优化设计，这种浅层 CNN 架构能够在深度学习的模式下提高近红外光谱快速检测技术的建模预测精度，能够有效地应用于农业污水样本的 COD 值的测定，有助于定量评估农业用水的污染程度。

第四章

近红外光谱分析方法在农产品
智能检测中的应用

第一节　农产品质量检测的近红外光谱分析模型

近红外光谱分析技术可以成熟应用于各类农产品、食品的成分含量检测。Arendse 等对于近红外光谱成像技术在检测小麦、大豆等农产品以及西瓜、柚子等厚皮水果营养成分方面的应用潜力进行了可行性综述（Arendse et al.，2018）。此外，近红外光谱分析技术被用于定量检测新鲜水果的糖度、有机酸、维生素等多种营养指标，并通过检测果实表面颜色以判断果实成熟程度（Chen et al.，2016；Chen et al.，2021b）。随着计量分析方法的持续发展，偏最小二乘、支持向量机、人工神经网络、遗传差分等一些关键的线性和非线性算法在光谱分析中的应用，FT－NIR 光谱定量的精度得到进一步提高（Pudełko & Chodak，2020）。这些研究和报道说明近红外光谱分析技术在农产品、果蔬等对象的营养成分量测定方面具有一定的应用能力，在光谱检测技术中研究相关化学计量学方法有利于提高果蔬品质检测的定量精度。

一、玉米蛋白检测

1．玉米样本

玉米是一种非常重要的农作物。优质的玉米可以为人类提供多种营养，有益于人们的健康。测量玉米的品质可以为人类挑选优质的农作物成果。蛋白质是评价玉米品质的主要营养成分，利用近红外光谱分析技术及其相关建模优化方法快速检测玉米蛋白成分，以实时、快速、准确获取有关营养信息，是实现"精准农业"的必要途径。

从田地里选择 173 棵成熟玉米，将每棵玉米去皮剥成玉米粒，然后研磨并用 1 mm 孔径的筛子过筛，最后用精密天平称取质量相等的 173 份玉米粉末，形成 173 个待检测玉米样本。采用凯氏定氮法测定玉米种的蛋白质含量。玉米样本的近红外光谱利用 Nexus 870 FT－NIR 光谱仪（Thermo）及其漫反射附件进行测量，测量的全谱段范围是 10 000 ~ 4 000 cm^{-1} 的光谱范围，分辨率为 8 cm^{-1}。在仪器参数中，设置每次装样扫描 32 次，其平均数据作为该样本的光谱，实验室温度控制在 25 ±1℃，相对湿度控制在 46 ±1%

RH。为了保证测量数据具有一定的稳定性，将每个样本装样 3 次进行扫描，取平均光谱作为后续分析的原始数据。

图 4-1 显示了 10 000~4 000 cm^{-1} 扫描范围内的原始近红外光谱，整个扫描范围可分为三个子波段区域：二倍频区、一倍频区和组合频区（Heise，2002）。不同区域的光谱强度不同，在 10 000~7 200 cm^{-1} 波段出现了吸收强度较弱且重叠严重的现象，因此可以将其记为二倍频区（该区域包括分子振动跃迁的二级或更高能量级的信号）；而 7 200~5 400 cm^{-1} 波段为中等强度吸收，故记为一倍频区；5 400~4 000 cm^{-1} 波段光谱强度强，重叠少，为组合频区。如果把全谱区域作为另一个频谱范围，最终确定四个频谱区域可用来进行建模分析。

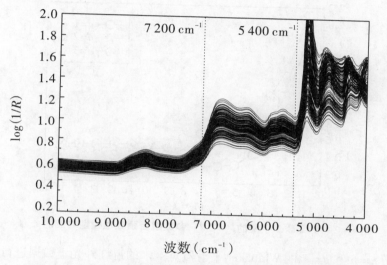

图 4-1　173 个玉米样品的近红外光谱和谱区分布图

将 173 个玉米样本的数据分为三个样品组，随机抽取 44 个样本作为独立测试集，然后将剩余的样本使用 SPXY 方法进行定标集（86 个样本）和检验集（43 个样本）的划分。86 个样本用来构建定标模型，43 个样本用来优化模型，44 个独立样本用于测试模型性能。表 4-1 显示了三个样本集的玉米样本蛋白质含量的统计数据。

表 4-1　定标、检验、测试样本集的蛋白质含量统计数据

	最大值	最小值	平均值	标准偏差
定标集	12.9	6.6	9.26	1.01
检验集	12.8	7.3	9.51	0.76
测试集	10.8	7.9	9.42	0.94

2. 玉米蛋白检测的光谱预处理方法

光谱预处理方面，采用 Whittaker 平滑方法（Eilers，2003）对原始光谱数据进行处理，通过搜索 s_{cv} 的最小值来优化平滑参数，求导阶数（d）是除 k 之外的另一个影响 NIR 分析预处理结果的参数。将 k 和 d 作为 Whittaker 平滑的两个相互关联的参数进行联合筛选，设置 d 可取值为 1，2，3，k 的取值随着 $\log$（k）从 1 到 15 的变化而变化。通过搜索 Q 的最小值找到 k 和 d 的每个组合取值所对应的光谱预处理数值序列 z，对应的 s_{cv} 计算值如图 4 – 2 所示，与二阶导数（$d=2$）和三阶导数（$d=3$）相比，一阶导数（$d=1$）的平滑效果能够获取更小的 s_{cv} 值。在 $d=1$ 的情况下，当 k 大于等于 5 时，s_{cv} 趋向于一个稳定的最小值。因此选择 Whittaker 平滑的最佳参数为 $k=5$ 和 $d=1$。

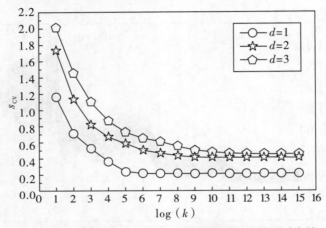

图 4 – 2　Whittaker 平滑的（k，d）参数组合预处理模型对应的 s_{cv} 值

利用参数 $k=5$ 和 $d=1$ 的 Whittaker 平滑器对玉米的近红外光谱数据进行平滑预处理，为了进行比较，同时采用 Savitzky – Golay 平滑器完成预处理。针对定标样本的蛋白质含量进行 PLS 的模型训练，调试 PLS 因子数（F）的取值从 1 变化到 30（Chen et al.，2014c）。对每个 F 值计算检验集样本的 $RMSE_V$，进而选取最佳的 F 值。随后，利用最佳 PLS 训练模型来针对独立的测试集样本计算对应的 $RMSE_T$ 值，以评估模型的预测结果。分别在全谱区域（10 000 ~ 4 000 cm^{-1}）、二倍频区域（10 000 ~ 7 200 cm^{-1}）、一倍频区域（7 200 ~ 5 400 cm^{-1}）、组合频区域（5 400 ~ 4 000 cm^{-1}）建立预测模型，比较原始数据不做平滑、做 Savitzky – Golay 平滑和做 Whittaker 平滑的模型预测结果。基于上述 4 个光谱区域的原始数据和 Whittaker 平滑数据，分别针对玉米蛋白质含量建立近红外 PLS 回归模型并进行模型优化，建模结果如表 4 – 2 所示，不管是哪个区域的数据，使用 Whittaker 平滑的建模效果均比没有平滑的原始数据更优，同时也优于 Savitzky – Golay 的平滑结果，最佳优选区域为组合频波段（5 400 ~ 4 000 cm^{-1}），相应的最佳 PLS 因子为 6，$RMSE_V$、R_V 分别为 0.362、0.912；$RMSE_T$、R_T 分别为 0.390、0.896。该模型对玉米蛋白质含量的预测具有良好的性能。

表 4－2 基于原始光谱和 Whittaker 平滑光谱、Savitzky－Golay 平滑光谱的
玉米蛋白近红外 PLS 分析模型优选

波段	预处理方法	蛋白含量		
		F	$RMSE_V$	$RMSE_T$
全谱区域	不做预处理	10	0.514	0.574
	Savitzky－Golay 平滑	9	0.474	0.538
	Whittaker 平滑	7	0.385	0.455
二倍频区域	不做预处理	11	0.544	0.583
	Savitzky－Golay 平滑	9	0.436	0.487
	Whittaker 平滑	8	0.405	0.465
一倍频区域	不做预处理	9	0.510	0.586
	Savitzky－Golay 平滑	7	0.421	0.465
	Whittaker 平滑	6	0.375	0.402
组合频区域	不做预处理	8	0.511	0.577
	Savitzky－Golay 平滑	6	0.382	0.416
	Whittaker 平滑	6	0.362	0.390

接下来，针对优化的近红外 PLS 模型进行参数不确定性分析。根据最小方差无偏估计量和 Cramér－Rao 下界理论（Kay，1993），假设 s 是白噪声，根据 $P = HD$ 的关系式计算 P 矩阵中第 j 个分向量的欧几里得范数，其中 H 是参数估计矩阵，D 是换算所需的一个对角矩阵，矩阵 P 的第 j 个对角线项记为 d_j，即：

$$d_j = \sqrt{\sum_{i=1}^{m} (P_{i,j})^2} \qquad (4-1)$$

H 矩阵的每一个列向量被归一化为单位长度，这个过程会导致对第 j 个参数 b_j' 的估计出现预测偏差，标准偏差 $\xi(b)$ 可以按公式（4－2）进行简单换算：

$$\xi(b) = std(b_j') = \frac{\sigma}{d_j} \sqrt{(H^T H)_{(j,j)}^{-1}} = \frac{\sigma}{d_j} h_j \qquad (4-2)$$

算式右边的第一个因子 σ 代表系统噪声，d_j 代表单位浓度下第 j 个模型参数的信号强度，h_j 表示第 j 个模型参数与其他 $n-1$ 个参数组件之间的光谱重叠程度。

根据公式（4－2），为玉米光谱数据中的噪声（σ）、信号（d_j）和重叠因子（h_j）计算的参数值分别为 7.41、6.32×10^3、1.51，其中 σ 等价于从定标样本集中的单个样本进行残差计算的 σ 值的均方根。对于蛋白质成分，d_j 值越大意味着它的光谱散射截面越大，光谱中的重叠信号反映了光谱对于蛋白质这个目标成分的响应量很多。参数不确定性估计的实验操作过程是对样本重复测量 20 次，从每个单独的测量中提取参数，然后计算整个校准样本集的标准偏差。图 4－3 显示了根据一组重复测量计算的测量不确定

度与 $\xi(b)$ 的关系，图中显示了一条 45 度线作为参考，如果不确定度估计值落在 45 度线上表示其 $\xi(b)$ 等于测量的不确定度。蛋白质的测量不确定度在 $\xi(b)$ 的 1.5 倍（虚线）以内，表明玉米近红外数据建立 PLS 线性模型进行分析的测量不确定程度是可以接受的。

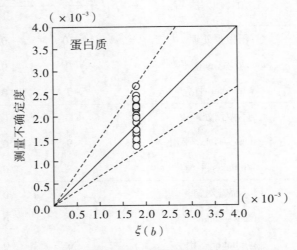

图 4 - 3　根据重复测量数据计算的模型参数不确定度

3. 玉米蛋白检测的光谱波段选择方法

在信息波段选择方面，利用可变移动窗口 PLS 模型为玉米蛋白的预测优选，利用网格搜索的方法测试参数组（SN、W、F）的可能的不同组合取值，对于玉米蛋白质含量的 FT - NIR 测定，F 集从 1 变到 20。CSMWPLS 方法的窗口搜索范围覆盖了 778 个波长的 10 000 ~ 4 000 cm^{-1} 的全扫描范围。将 SN 设置为从 1 到 778，步长为 1，以便测试 SN 的所有可能值。如果搜索所有可能的窗口，W 应该设置为步长为 1 的从 1 到 778 的变化。在此情况下，窗口数量高达 302 253 个。结合 F 的变化，总共建立 5 899 520 个 PLS 模型。针对每个定标集和预测集的样本组合分别计算 RMSE$_{V,m}$、R$_{V,m}$、RMSE$_{V,sd}$、R$_{V,sd}$、sup（RMSE$_V$）和 inf（R$_V$）。共设置 50 个不同的分区，为了减少工作量，并且保持建模的代表性，将 W 的取值设置为：从 1 连续到 100；从 105 到 500，步长为 5；从 510 到 770，步长为 10；778 单个值；依此一共创建 47 308 个窗口。以最小 sup（RMSE$_V$）为目标，选择用于玉米蛋白质近红外分析的 CSMWPLS 模型（Chen et al.，2014a）。

每个移动窗口起始点对应的最小 sup（RMSE$_V$）如图 4 - 4 所示。不同窗口大小对应的最小 sup（RMSE$_V$）显示在图 4 - 5 中。从中可以找到全局最优模型，同时也可以确定一些比较简单的局部最优模型用于仪器设计。从图 4 - 4 和图 4 - 5 可以看出，最小 sup（RMSE$_V$）及其接近值比较集中出现在近红外长波区域。从图 4 - 4 和图 4 - 5 的放大图［子图（a）和（b）］来看，我们可以更容易地捕捉到最小 sup（RMSE$_V$）的起始点和窗口大小，并且同时找到相同 CSMWPLS 参数下的 inf（R$_V$）值。

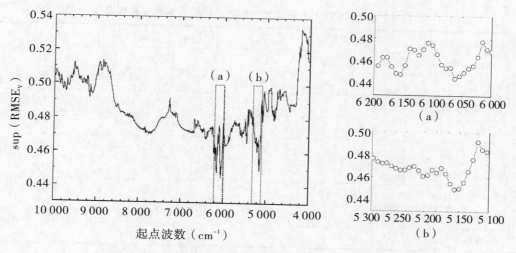

图4-4　对应每个窗口起点波长的最小 sup（RMSE_V）

注：子图（a）和（b）是标记的（a）和（b）波段区域的放大效果

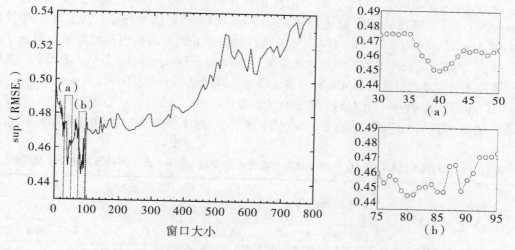

图4-5　对应窗口宽度（波长数量）的最小 sup（RMSE_V）

注：子图（a）和（b）是标记的（a）和（b）波段区域的放大效果

表4-3列出了全局最优模型和部分局部最优模型对应的SN、W和F的模型参数以 sup（RMSE_V）和 inf（R_V）的预测结果，其中 sup（RMSE_V）和 inf（R_V）分别通过 RMSE_{V,m} + RMSE_{V,sd} 和 R_{V,m} - R_{V,sd} 计算得到。与全范围 PLS 模型相比，CSMWPLS 模型选择的全局最优模型和局部最优模型的计算复杂度要简单得多，窗口也小得多。从表4-3得到全局最优模型的参数。波数的起点是 6 061 cm⁻¹，窗口的最佳尺寸为80，因此我们可以找到相应的波段 6 061 ~ 5 451 cm⁻¹。除了全局最优波段，其他局部最优波段也提供了很好的预测结果，它们可以有效应用于各种场景中的专用仪器设计。

表 4 – 3 基于 CSMWPLS 框架优选的波段建模预测精度和稳定性

Waveband（cm^{-1}）	W	F	sup（RMSE$_V$）	inf（R$_V$）
10 000 ~ 4 000	778	13	0.539	0.850
6 162 ~ 5 513	85	9	0.447	0.926
6 154 ~ 5 474	89	7	0.448	0.927
6 061 ~ 5 451	80	6	0.444	0.928
6 054 ~ 5 397	86	8	0.447	0.925
6 046 ~ 5 420	82	7	0.450	0.926
5 505 ~ 4 980	69	7	0.465	0.911
5 158 ~ 4 857	40	6	0.450	0.913
5 150 ~ 4 857	39	6	0.450	0.910

为了分离多倍光散射引起的光谱变化，将 OPLEC$_m$ 预处理方法应用于所选波段的光谱，建立各波段玉米蛋白分析的最佳数据预处理模型，并在 CSMWPLS 框架下重新建立 PLS 模型，得到 sup（RMSE$_V$）和 inf（R$_V$）的优化计算值（见表 4 – 4）作为比较，还列出了 Savitzky – Golay 平滑预处理数据的建模结果。由表 4 – 4 可以看出，首先，无论是使用 OPLEC$_m$ 技术还是使用 Savitzky – Golay 平滑进行数据预处理，其模型预测结果都得到了改善；其次，OPLEC$_m$ 技术的数据预处理效果优于 Savitzky – Golay 平滑；最后，原始数据上的最佳模型不一定是经过数据预处理后的最佳模型。得到最小 sup（RMSE$_V$）为 0.413%，相应的 inf（R$_V$）为 0.939，将预处理后的最佳波段改为 5 158 ~ 4 857 cm^{-1}，波数为 40。除了最优波段之外，还有许多可供选择的局部次优波段能够给出较为简单、合理的建模预测结果。

表 4 – 4 分别用 OPLEC$_m$ 和 SG 平滑预处理后的光谱数据对 CSMWPLS 选择的波段进行建模预测

波段（cm^{-1}）	W	未做预处理		预处理			
				OPLEC$_m$		SG 平滑	
		sup（RMSE$_V$）	inf（R$_V$）	sup（RMSE$_V$）	inf（R$_V$）	sup（RMSE$_V$）	inf（R$_V$）
10 000 ~ 4 000	778	0.539	0.850	0.503	0.861	0.513	0.857
6 162 ~ 5 513	85	0.447	0.926	0.423	0.936	0.439	0.933
6 154 ~ 5 474	89	0.448	0.927	0.422	0.932	0.431	0.922
6 061 ~ 5 451	80	0.444	0.928	0.421	0.938	0.424	0.933
6 054 ~ 5 397	86	0.447	0.925	0.417	0.934	0.425	0.932
6 046 ~ 5 420	82	0.450	0.926	0.428	0.923	0.430	0.917
5 505 ~ 4 980	69	0.465	0.911	0.425	0.926	0.438	0.919
5 158 ~ 4 857	40	0.450	0.913	0.413	0.939	0.419	0.938
5 150 ~ 4 857	39	0.450	0.910	0.415	0.936	0.427	0.934

利用定标集和检验集样品的光谱数据和实际化学参考值建立 PLS 模型，选取最优建模参数输出回归系数。进一步利用回归系数和光谱数据计算测试集样品的近红外预测值。通过因子数为 5 的 PLS 模型预测得到 40 个测试样本的蛋白质近红外预测值，与实际含量接近，$RMSE_T$ 和 R_T 分别为 0.443 和 0.924。结果表明，蛋白质预测值与实际含量高度相关。在模型优化的过程中实现建模的稳定性和鲁棒性，对随机验证样本的验证效果更有说服力。

二、柚子表皮成分定量分析

1. 柚子皮样本

柚子皮样本来自 118 棵柚子树上的果实，从每个柚子皮上剥下薄片，制成样品。取一小块正方形（约 4 cm×4 cm）在干燥箱中烘干（恒温 60 ℃），粉碎成颗粒状，过筛成直径 2 mm 的颗粒。总共有 118 个样品用于生化实验和近红外光谱测定。样本中果胶的重量百分比范围为 2.620 至 7.250，平均值和标准偏差计算为 4.987 和 0.875。

利用 Spectrum One NTS FT – NIR 光谱仪（PerkinElmer Inc.）测量样本的近红外光谱。在 10 000～4 000 cm^{-1} 的扫描光谱范围，分辨率设置为 4 cm^{-1}，实验温度为 25±1 ℃，相对湿度为 47±1% RH。共收集了 118 个样本的光谱吸光度数据，在每个样本的光谱向量中包含有 3 114 个离散的波长点。

2. 基于最大相关方法的样本集划分

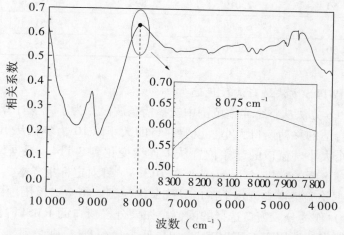

图 4 – 6 88 个建模样本的每个波长下的光谱吸光度与果胶浓度的相关系数

构建"定标—检验—测试"的样本集划分模式，随机选取 30 个样本作为测试集，其余 88 个样本用于建模。进而需要将 88 个样本分为定标集和检验集。利用最大相关方法，首先，计算各波长下光谱数据与浓度之间的相关系数（R），如图 4 – 6 所示，可以看到 R_{high} 的波数为 8 075 cm^{-1}，该波长位于果胶官能团的组合频区域（Kavdir et al. 2009）。因此，我们用 8 075 cm^{-1} 的光谱吸光度数据进行样本划分。其次，对所有样品的浓度和光谱吸光度数据分别进行归一化，计算出每个样品对应的 $C_n(j)$ 和 $A_n(j)$。随后选择具

有 $C_n(j)$ 最大值、最小值、次大值、次小值的四个样本，以及具有 $A_n(j)$ 最大值、最小值、次大值、次小值的 4 个样本（见表 4 – 5）。可以看出，98 号是 $C_n(j)$ 最大、$A_n(j)$ 最大的样本，85 号是 $C_n(j)$ 和 $A_n(j)$ 次大的样本。根据最大相关的分类原则，98 号、66 号、16 号样本被选入定标集，另外 3 个样品（85 号、81 号、13 号）被分配到检验集。同时，通过估算浓度和 V_{high} 波数的光谱数据，在剩余的 82 个样本中随机选择 57 个样本进入定标集，其余 25 个样本进入检验集。直到 R_{Cset} 和 R_{Vset} 满足 AOC $< 10^{-5}$，确定合理的分类。最后，利用 60 个定标样本和 28 个检验样本进行建模。定标集、检验集和测试集样本浓度的统计数据如表 4 – 6 所示。

表 4 – 5 $C_n(j)$ 和 $A_n(j)$ 的最大值、最小值、次大值、次小值对应的样品序号

	最大	最小	次大	次小
$C_n(j)$	No. 98	No. 66	No. 85	No. 81
$A_n(j)$	No. 98	No. 16	No. 85	No. 13

表 4 – 6 定标集、检验集、测试集样本的果胶浓度统计数据

	样本量	柚子皮样品中果胶的浓度/%			
		最大值	最小值	均值	标准差
定标集	60	7. 019	2. 898	4. 954	0. 823
检验集	28	6. 468	3. 316	4. 951	0. 828
测试集	30	6. 696	3. 472	5. 135	0. 864

3. 利用 CSMWPLS 方法进行波段优选

利用 CSMWPLS 方法从整个光谱范围中选择信息波段。为了减少计算量，利用 PMSC 预处理方法选择合适的移动窗口大小，设置窗口的大小以 10 为步长从 10 变化到 1 000，总共将尝试 100 个大小。窗口的起始位置从 1 连续变化到 3 114，根据设置，共有 26.1 万个用于波段宽度选择的窗口（Chen et al.，2013a）。针对定标集样本，对每一个窗口建立 PLS 模型，根据检验集样本为每个窗口寻找最优模型。将全谱范围内的 PLS 模型预测 $RMSE_V$（0. 611 1）作为分段窗口选择的阈值。如果分段窗口的 $RMSE_V$ 高于 0. 611 1，则该窗口的波段不能很好地用于 CSMWPLS。如果低于 0. 611 1，则必须至少有一个这样大小的波段能够取得更好的预测结果。因此，可以通过对比 0. 611 1 来选择合适的波段大小（见图 4 – 7）；选取 $RMSE_V$ 较低的分段窗口作为 CSMWPLS 的合适波段宽度。可以看出，其中有 21 个不同的窗口大小被选择（在图中用实心圆点标记），对应的 21 个数值列在表 4 – 7 中。利用这 21 个窗口大小的数值作为 CSMWPLS 的波段宽度，窗口的起点位置可在全谱范围内移动。对于任意波段宽度（W），起始波长（SN）的序号从 1 连续改变为 P – W + 1。对于（SN，W）的任意组合，共有 53 735 个不同波段的窗口用于建模。为每个窗口建立 PLS 模型，调试 PLS 因子数（F）从 1 变化到 30（仅正整数）。无论是（SN，

W）的组合的改变，还是 F 数值的改变，都会导致 $RMSE_v$ 和 R_v 的不同。以 $RMSE_v$ 最小为目标，选取各波段窗口的最优 PLS 模型。对于一个固定的 W，移动窗口也是由 SN 决定的。通过比较不同 SN 对应的预测结果，选择固定 W 的最优 PLS 模型，并得到相应的最优波数 V（SN）和 F。

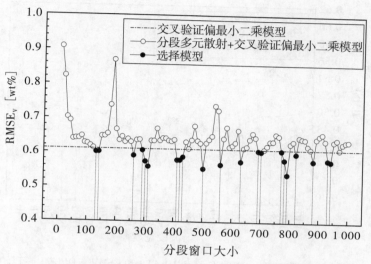

图 4 - 7　PMSC 指定分段窗口大小最优模型的 $RMSE_v$

表 4 - 7　PMSC 方法中分段窗口波段的 21 种选定大小

选择的 21 个分段窗口大小	130，140，260，290，300，310，410，420，430，500，560，630，690，700，770，780，790，820，880，930，940

为了分离增加光散射引起的光谱变化，将 $OPLEC_m$ 预处理技术应用于原始光谱。将 CSMWPLS 与 $OPLEC_m$ 预处理相结合，设计了以下三种情况进行波段选择：①基于未预处理光谱数据的 CSMWPLS 模型；②基于 $OPLEC_m$ 预处理的光谱数据的 CSMWPLS 模型，即 $OPLEC_m$ + CSMWPLS；③对选取的经过 $OPLEC_m$ 预处理的波段重新建立 CSMWPLS 模型，记为 CSMW + $OPLEC_m$ + PLS。

对于这三种情况中的每一种，每个选定的波段宽度（W）对应的 $RMSE_v$ 如图 4 - 8 所示。可以看出，最优情况是 CSMW + $OPLEC_m$ + PLS，其结果优于其他两种情况。然后将最优建模参数应用于测试样本，最优波段宽度为 410，对应波段为 8 573 ~ 7 784 cm^{-1}，优选 PLS 因子数为 9，$RMSE_v$、R_v 和 $RRMSE_v$ 分别为 0.453 2，0.887 3，8.83。

对于 CSMW + $OPLEC_m$ + PLS 建模优化选择的最佳波段，我们仔细研究了 $OPLEC_m$ 预处理过程。由于 p 的估计需要确定数 r，所以，图 4 - 9 显示了最小 $f(p)$ 与 r 的关系曲线。当 r 从 1 增加到 6 时，最小 $f(p)$ 明显降低，而继续增大 r 时最小 $f(p)$ 无显著变化，说明与 p 相关的最活跃的化学成分信息包含在光谱数据的前 6 个主成分中。因此将 r 的最优值设为 6，采用 $OPLEC_m$ 方法对数据进行预处理。在 $OPLEC_m$ 预处理后的光谱波段建立 PLS 模型并进行优化，优选 PLS 因子数为 11，RMSE$_V$、R$_V$ 和 RRMSE$_V$ 分别为 0.417 6、0.918 5 和 8.43。在测试部分，RMSE$_T$、R$_T$、RRMSE$_V$ 分别为 0.453 2、0.887 3、8.83，最优 F 为 9。30 个验证样品的 FT – NIR 预测值与浓度的比较如图 4 –10 所示。

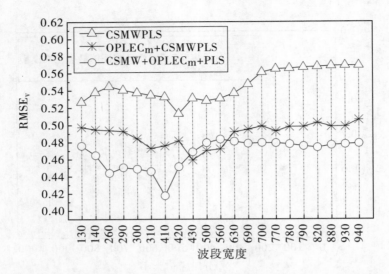

图 4 – 8　CSMWPLS、OPLEC$_m$ + CSMWPLS 和 CSMW + OPLEC$_m$ + PLS
三种情况下各选择波段宽度对应的 RMSE$_V$

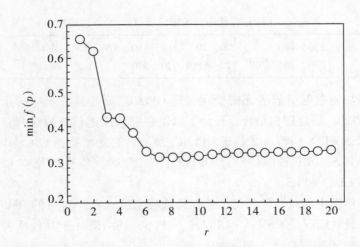

图 4 – 9　最佳 CSMW + OPLEC$_m$ + PLS 模型的 OPLEC$_m$ 预处理中最小 $f(p)$
与活性化学成分数量的关系

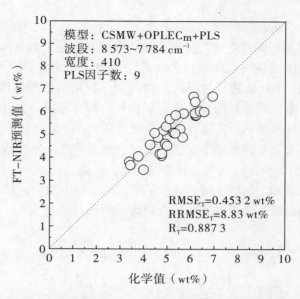

图 4 - 10　最优模型 FT - NIR 预测值与验证样品浓度比较

三、草莓固体可溶物成分快速测定

1. 草莓样本

草莓属蔷薇科多年生草本农作物。由于生态环境的不同，国内草莓出现参差不齐的品质。因此，选择优良的草莓品种以适应不同产区的种植是草莓育种工作急需解决的主要问题之一。影响草莓品质的主要指标之一是草莓果实的固体可溶物含量，固体可溶物在草莓品质的遗传中普遍存在正向非加性效应，后代种植的草莓果实具备高含量固体可溶物的概率较大（Azodanlou et al.，2003）。

收集 170 个草莓果实样品。采用便携式手持测糖仪测定每个样品的固体可溶物含量，作为近红外光谱分析的参考化学值。全体样品的参考化学值范围为 3.98 ~ 10.70，均值、标准偏差分别是 7.26、1.67。样品的近红外光谱采用 Spectrum One NTS 傅里叶变换近红外光谱仪（InGaAs 监测器），将每个果实研磨成粉末状，通过漫反射方式测量。光谱扫描谱区设定为 10 000 ~ 4 000 cm^{-1}，光谱分辨率为 8 cm^{-1}，扫描次数为 64 次。保持实验温度为 25 ± 1 ℃，湿度为 46 ±1% RH。将测量的全光谱区域（10 000 ~ 4 000 cm^{-1}）划分为合频区域（10 000 ~ 8 600 cm^{-1}）、一倍频区域（8 600 ~ 6 200 cm^{-1}）和二倍频区域（6 200 ~ 4 000 cm^{-1}）。以下的建模分析过程是基于这样的区域划分来完成的。为减少噪声干扰，对光谱进行了基线偏移校正和乘法散射校正。为了比较，分别建立了 iPLS 和 MWPLS 模型，并得到了分析和优化结果。

分别建立两种不同指示模式下的近红外定标预测模型，一种是基于非分割全部样本的交叉验证模式，另一种是基于"定标—检验—测试"框架的建模验证模式。采用网格搜索的方法对建模参数的取值进行调试选择，具有较高的应用价值。网格搜索方法可以套用到各种化学计量学方法中，单一参数调试的或多参数同时优化的，针对 iPLS 方法和 MWPLS 方法进行参数的网格搜索，以确定草莓固体可溶物的近红外信息波段（Chen et al.，2018c）。

2. iPLS 参数的网格搜索优化

iPLS 算法通过网格搜索建立交叉验证模型，分别基于组合频区域、一倍频区域、二倍频区域和全频谱范围推导出最优参数。在 iPLS 算法中，n 是等距分割间隔（即波段）的关键参数，因子数（F）是 PLS 建模的关键因素，利用网格搜索技术对这两个参数进行同步优化。根据全范围内波长的总数确定 n 和 F 的调整范围。在 iPLS 建模过程中，将 n 设置为 1～100，以便获得适合实际建模的合理波段大小。F 设置为从 1 改变到 25 进行模型调试和优选。在交叉验证模式下对各参数组合建立模型，分析结果如图 4–11 所示。各个 n 值对应的最优 RMSE$_{CV}$，对 F 进行连续优化，子图（a）（b）（c）和（d）分别为全谱、组合频、一倍频和二倍频区域的建模结果。对于每个指定区域，在 n 的优化值下，会产生信息量最大的波段。全谱波段和组合频区域的优化值均为 41，一倍频和二倍频区域的优化值均为 42。

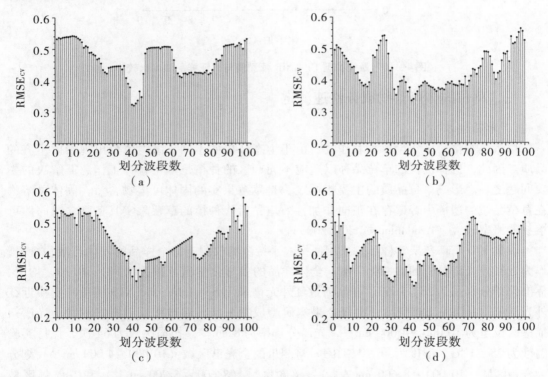

图 4–11　iPLS 优化模型结果对应于每个 n 值、F 值的优化结果，子图（a）（b）（c）和（d）对应为全谱范围、组合频区域、一倍频区域和二倍频区域

3. CSMWPLS 参数网格搜索优化

通过网格搜索建立 CSMWPLS 交叉验证模型，分别基于组合频区域、一倍频区域、二倍频区域和全谱区域推导出最优参数。在 CSMWPLS 算法中设置窗口起始位置 S 和窗口大小 W 两个参数可调节，在全谱范围寻找最佳窗口，其中 W 是至关重要的参数。利用网格搜索技术对这两个参数进行联合优化。考虑到全频谱范围有 1 512 个波数点，将 W 的转弯范围设计为 1～100，另一个参数 S 则在所有可能的取值中搜索，同时，PLS 建模

的 F 设置为从 1 变化到 25。将网格搜索的 MWPLS 算法程序分别应用于组合频区域、一倍频区域、二倍频区域和全谱区域的 4 个数据集，同时优化 S、W 和 F 这三个参数，在交叉验证模式下建立参数组合优化模型。模型预测结果以立方体网格的形式保存，对应于 S、W 和 F 三个方向。

为了以相对简单的计算复杂度观察信息波段，W 的优化值从结果立方体中选择，以 F 优化网格中预测偏差最小为搜索方式。图 4 – 12 显示了每个 W 值对应的最优化模型结果（$RMSE_{CV}$），S 和 F 进行连续可调优化，子图（a）（b）（c）和（d）分别对应全谱区域、组合频区域、一倍频区域和二倍频区域。对于每个指定区域，W 的优化值都会筛选出信息量最大的波段。全谱区域、组合频区域、一倍频区域和二倍频区域的 W 优化值分别为 38、70、61 和 29。

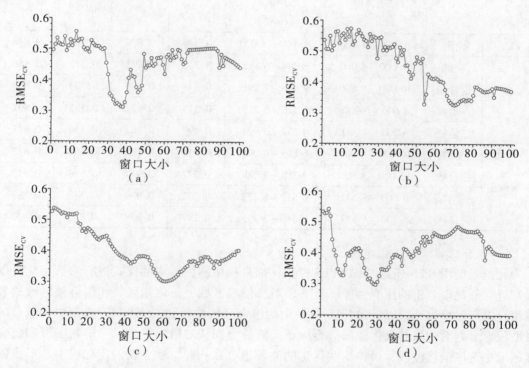

图 4 – 12 对应于每个 W、S 和 F 的取值的 CSMWPLS 模型筛选结果，子图（a）（b）（c）和（d）分别对应全谱区域、组合频区域、一倍频区域和二倍频区域

4. 基于"定标—检验—测试"样本划分的模型优化

利用上述优化的建模参数，我们通过网格搜索 iPLS 和 MWPLS 方法重新建立基于 CVT 的校准模型，以完成模型评估。因为不同的光谱区域会导致不同的分子振动模式，从而导致建模结果的变化，所以我们分别对全谱区域、组合频区域、一倍频区域和二倍频区域这四个数据集建立了分析模型。iPLS/MWPLS 参数的每个值都用于识别一个校准模型。对验证集样本进行模型优化，得到最优建模结果，并通过 $RMSE_V$、$RRMSE_V$ 和 R_V 的建模指标进行定量测量。表 4 – 8 分别列出了基于组合频区域、一倍频区域和二倍频区域的 iPLS 和 MWPLS 模型的预测结果。作为比较，基于全谱范围的常用

PLS 模型的结果也同时列在表中。可以看出，二倍频区域数据集可以得到最优结果，$RMSE_V$ 小于 0.35，R_V 高于 0.88。

进一步使用测试集样本来检查优选模型的有效性和稳健性，采用网格搜索的算法参数，通过 iPLS 回归和 MWPLS 回归均能较好地预测草莓样本的固体可溶物含量，其中在二倍频区域获得了较好的测试结果。CSMWPLS 模型输出最小的 $RMSE_T$ 为 0.352，而基于二倍频区域的 R_T 可高达 0.930，iPLS 模型测试的 $RMSE_T$ 为 0.354，R_T 为 0.911。iPLS 的信息量最大的波段是 6 157 ~ 5 994 cm^{-1}，而最佳优化的 CSMWPLS 波段是 6 046 ~ 5 935 cm^{-1}。

表 4 – 8　iPLS 与 MWPLS 模型分别基于全谱区域、组合频区域、一倍频区域和二倍频区域的预测结果

		原始波段（cm^{-1}）	选择波段（cm^{-1}）	$RMSE_V$	R_V	$RMSE_T$	R_T
PLS	全谱	10 000 ~ 4 000	10 000 ~ 4 000	0.345	0.879	0.426	0.846
iPLS	全谱	10 000 ~ 4 000	6 344 ~ 6 185	0.320	0.895	0.372	0.856
	组合频	10 000 ~ 8 600	9 450 ~ 9 291	0.335	0.911	0.394	0.867
	一倍频	8 600 ~ 6 200	6 376 ~ 6 213	0.315	0.924	0.385	0.891
	二倍频	6 200 ~ 4 000	6 157 ~ 5 994	0.299	0.962	0.354	0.911
MWPLS	全谱	10 000 ~ 4 000	6 245 ~ 6 098	0.313	0.885	0.368	0.873
	组合频	10 000 ~ 8 600	9 363 ~ 9 089	0.327	0.947	0.386	0.912
	一倍频	8 600 ~ 6 200	6 511 ~ 6 272	0.302	0.939	0.378	0.881
	二倍频	6 200 ~ 4 000	6 046 ~ 5 935	0.297	0.958	0.352	0.930

5. 组合区域波段优化建模

无论是使用 iPLS 还是 CSMWPLS 模型，都是利用网格搜索的模式进行参数优化，以提高近红外建模分析的预测性能。接下来对二倍频区域、一倍频区域和组合频区域的数据组合进行建模讨论，以寻找 iPLS 模型中的组合区域波段和 CSMWPLS 模型中的组合区域波段，分别对选取的最优波段进行验证。然后分别从二倍频区域、一倍频区域和组合频区域中选取最优波段，再将这些优选的波段组合在一起，建立新的定标模型，形成四个新的集成波段区域，即：组合频区域加一倍频区域（Int. C + 1）、组合频区域加二倍频区域（Int. C + 2）、一倍频区域加二倍频区域（Int. 1 + 2）、组合频区域加一倍频区域加二倍频区域（Int. C + 1 + 2）。

与单一区域的波段优选相比，在集成波段区域上建模提升了预测精准度，其建模结果得到提升（见表 4 – 9）。效果提升最好的是（Int. 1 + 2）这个集成区域，最优 iPLS 模型在定标—检验过程中输出的 $RMSE_V$ 和 R_V 分别为 0.270 和 0.977，在测试过程中得到的 $RMSE_T$ 和 R_T 分别为 0.325 和 0.948。最优的 CSMWPLS 模型在定标—检验过程中输出的 $RMSE_V$ 和 R_V 分别为 0.269 和 0.980，得到的最优测试 $RMSE_T$ 和 R_T 分别为 0.324 和 0.950。利用 iPLS 优选的最佳集成波段为 {6 157 ~ 5 994，6 376 ~ 6 213 cm^{-1}}，利用 CSMWPLS 优选的最佳集成波段为 {6 046 ~ 5 935，6 511 ~ 6 272 cm^{-1}}。

表 4 – 9 基于 iPLS 或 CSMWPLS 优选的波段集成模型的预测结果

集成波段（cm^{-1}）		RMSE$_V$	R$_V$	RMSE$_T$	R$_T$
iPLS					
Int. C + 1	6 376 ~ 6 213，9 450 ~ 9 291	0.278	0.968	0.334	0.939
Int. C + 2	6 157 ~ 5 994，9 450 ~ 9 291	0.302	0.938	0.363	0.911
Int. 1 + 2	6 157 ~ 5 994，6 376 ~ 6 213	0.270	0.977	0.325	0.948
Int. C + 1 + 2	6 157 ~ 5 994，6 376 ~ 6 213，9 450 ~ 9 291	0.284	0.972	0.342	0.944
CSMWPLS					
Int. C + 1	6 511 ~ 6 272，9 363 ~ 9 089	0.277	0.970	0.334	0.940
Int. C + 2	6 046 ~ 5 935，9 363 ~ 9 089	0.300	0.941	0.362	0.912
Int. 1 + 2	6 046 ~ 5 935，6 511 ~ 6 272	0.269	0.980	0.324	0.950
Int. C + 1 + 2	6 046 ~ 5 935，6 511 ~ 6 272，9 363 ~ 9 089	0.283	0.975	0.341	0.945

第二节 农产品近红外光谱分析智能提升系统

一、自然语言模糊算法

1. 算法原理

具有径向基函数（RBF）核的最小二乘支持向量回归（LSSVR）是一种有效的非线性方法，可用于近红外光谱的定量校准。然而，非线性效应和高维频谱数据会影响建模程序的预测精度和复杂性。在现代化光谱模型的智能提升中，引入自然语言模糊优化策略，以模糊迭代的模式来优化支持向量机中的 RBF 核参数，有助于光谱信息成分的高效识别。

自然语言运行模式通常以模糊规则来优化用于定量分析的化学计量算法（Nandi & Davim，2009）。运用经典 IF – THEN 语句来加强容错纠正机制，其中条件项显示为输入变量的语言表达式，结果项显示为线性转换公式，输出的是降低指定语句计算复杂度的函数，适用于建立高维多变量光谱数据的回归模型（Arya & Singh，2017）。自然语言模糊回归算法在特征提取过程中自动采用模糊规则来替代一些低效的人工干预手段。

使用自然语言模糊优化模式，对近红外快速检测分析中建立的高斯径向基核函数的支持向量机模型进行智能化改进，使用隶属函数调整 RBF 参数取值，通过迭代计算优化 LSSVR 模型。同时，在近红外数据预处理的部分，通过主成分分析提取光谱特征，以降低 RBF LSSVR 模型中模糊规则的复杂性。对主成分提取过程进行模糊变换设计，以控制原始噪声的干扰，使主成分的数据特征更加显著（Bae et al.，2019）。

RBF LSSVR 模型的性能主要是通过 γ 和 σ 两个参数来调整，可以利用多尺度网格搜索方法来进行优化，尽管网格搜索可以历遍所有可能的参数取值来获取最佳建模效果，但计算非常耗时。对于需要实时分析的现代化工业近红外分析，可利用自然语言迭代运行模式来实现在模糊优化的概念下为近红外光谱分析优化模型参数。

在近红外的 RBF LSSVR 定标预测过程中，所采集的光谱数据集 $\{x_1, x_2, \cdots, x_n\}$ 作为输入变量，而 $y^{f(\gamma, \sigma^2)}$ 是作为参数（γ，σ^2）的模糊优化输出，模糊优化是使用 IF – THEN 语句的自然语言模式，所形成的模糊数据集表示为 $\{L_1, L_2, \cdots, L_T\}$，其中 T 是模糊项的数量。当使用第 i 个模糊语言规则时，变量 $\{x_1, x_2, \cdots, x_n\}$ 假设为第 t 个模糊数据（L_t）的条件输入，并将结果预设为关于 $y^{f(\gamma, \sigma^2)}$ 的多项式函数，其中第 i 条规则表示为：

$$\text{IF } x_1 \in L_t \text{ and } x_2 \in L_t \text{ and } \cdots \text{ and } x_n \in L_t$$

$$\text{THEN } y^{f(\gamma, \sigma^2)} = \sum_{j=1}^{n} k_j^t x_j + \sum_{j=1}^{n} k_{2j}^t x_j^2 + \sum_{p=1}^{n-1} \sum_{q=p+1}^{n} k_{(p,q)}^t x_p x_q + b_t' \qquad (4-3)$$

式中，$L_t \in \{L_1, L_2, \cdots, L_C\}$，$k_j^t$，$k_{2j}^t$，$k_{(p,q)}^t$ 和 b_t 是回归系数。

由于非线性自然语言规则的条件采用"$\in$"运算符来定义，因此可以从 RBF LSSVR 模型中生成自然语言规则项。第 i 个规则以自适应模式运行，形成可调隶属函数 $\mu_i(x)$：

$$\mu_i(x) = \prod_{j=1}^{n} \exp\left(\frac{(x_j - E_{ij})^2}{2\tau_{ij}^2} \right), \quad i=1, 2, \cdots, N \qquad (4-4)$$

其中，N 是自然语言规则的数量，E_{ij} 和 τ_{ij} 是变量 $\{x_j \mid j=1, 2, \cdots, n\}$ 的期望和标准差。

假设自然语言模糊变换的输出多项式的项数等于迭代过程产生的模糊规则数，即 $t=i$ 和 $T=N$，利用误差下降的方法更新语言迭代规则，来估计 E_{ij} 和 τ_{ij} 的趋势。依次对第 i 个规则的参数（k_j^t，k_{2j}^t，$k_{(p,q)}^t$ 和 b_t）进行最小二乘估计，可以表示为：

$$\begin{cases} k_j^t = \dfrac{y^{f(\gamma, \sigma^2)}}{x_j} \cdot \dfrac{\sum_{i=1}^{C} \mu_i(x_j)}{\mu_i(x_j)} \\[3mm] k_{2j}^t = \dfrac{y^{f(\gamma, \sigma^2)}}{x_j^2} \cdot \dfrac{\sum_{i=1}^{C} (\mu_i(x_j))^2}{(\mu_i(x_j))^2} \\[3mm] k_{(p,q)}^t = \dfrac{y^{f(\gamma, \sigma^2)}}{\sum_{p=1}^{n-1} \sum_{q=p+1}^{n} x_p x_q} \cdot \dfrac{\sum_{i=1}^{C} \sum_{p=1}^{n-1} \sum_{q=p+1}^{n} \mu_i(x_p) \mu_i(x_q)}{\sum_{p=1}^{n-1} \sum_{q=p+1}^{n} \mu_i(x_p) \mu_i(x_q)} \\[3mm] b_t = y^{f(\gamma, \sigma^2)} \cdot \dfrac{\sum_{i=1}^{C} \mu_i(x_j)}{\mu_i(x_j)} \end{cases} \qquad (4-5)$$

式中，$t(=i) \in \{1, 2, \cdots, T(=N)\}$。

通常情况下，自然语言规则的隶属函数 μ_i 是高斯型的，可以利用 RBF 核进行模糊分析。而初始化的模糊规则对网格搜索模式不太敏感，因此使用自然语言模糊模式的迭代计算来观察 LSSVR 模型的最小预测误差，直到预测偏差小于预设的阈值，才停止迭代，更有利于光谱特征识别和有效信息提取。

通过全区域模糊策略开发基于 PCA 的模糊变换规则。利用主成分的信息特征来强调模糊变换的效用，同时抑制原始数据噪声。模糊变换的过程包括以下两个步骤（Perfilieva，2006）。

第一步，计算隶属函数 M（这里以三角函数为例）：

$$M_k(x) = \begin{cases} 1 - \dfrac{\|x - x_k\|}{\|c_k\|}, & \|x_{k-1}\| < \|x\| < \|x_k\| \\ \dfrac{\|x - x_{n-1}\|}{\|c_n\|}, & \|x_{n-1}\| < \|x\| < \|x_n\| \\ 0, & \text{otherwise} \end{cases} \tag{4-6}$$

式中，$x_k \in \{x_1, x_2, \cdots, x_n\}$ 为原始光谱数据，$\{c_1, c_2, \cdots, c_n\}$ 为 PCA 算法提取的主成分。

第二步，计算第 k 个主成分的模糊变换向量 F_k：

$$F_k = \frac{\int_a^b f(x) M_k(x) \, dx}{\int_a^b M_k(x) \, dx}, \quad k = 1, 2, \cdots, n \tag{4-7}$$

式中，积分区间 $[a, b]$ 根据 k 的不同取值分别对应取值为 $[\|x_{k-1}\|, \|x_k\|]$。

模糊变换 PCA 算法与传统 PCA 算法相比具有明显的优点。首先，使用区域信息波段的模糊变换设计进行全局特征提取，可以通过调整区间大小来调整隶属函数，利用主成分的累积贡献来评估转换后的数据。其次，可以针对指定待测成分的拟合分别测试 4 种不同的隶属函数（如图 4-13 所示），从中选取最合适的隶属函数来呈现模糊变换后的光谱特征。最后，利用模糊变换可以降低 PCA 算法的计算量。

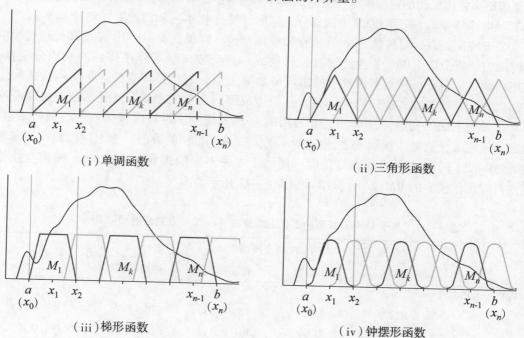

图 4-13　模糊变换的 4 种隶属函数

2. 应用案例

利用自然语言模糊算法对柚子表皮色泽的近红外光谱快速测定，对光谱数据建模的 RBF LSSVR 模型进行优化和改进，为 PCA 特征提取过程提高效率，以智能高效的模式提升近红外光谱分析模型的预测性能（Chen et al., 2019）。

针对 168 个柚子样品进行快速分析。使用 Minolta CR - 10 便携式色度计检测表面色泽，色泽的量化标定使用 CIELAB 颜色系统，定量阐明为光亮度（L^*）、色调（a^*）和饱和度（b^*）三个维度的指标。在柚子的赤道位置测量表面颜色，获得的 168 个样品的 L^*、a^* 和 b^* 的颜色指数，被用作近红外分析过程中的 RBF LSSVR 模型模糊优化的标准值。全部 168 组（L^*，a^*，b^*）数值的描述性统计数据如表 4 - 10 所示。

表 4 - 10　168 份柚子表面样本颜色指标的描述性统计

	最小值	最大值	平均值	标准偏差值
L^*	46.7	97.6	75.3	11.0
a^*	-21.9	17.7	-6.4	7.5
b^*	13.5	77.6	58.3	14.6

使用 QualitySpec Pro 近红外光纤探头沿着每个柚子样本的赤道线环绕扫描，光谱频率范围设置为 400 ~ 2 500 nm，光谱分辨率为 2 nm，获取 1 051 个分离的波长点数据。基于定标集和检验集样本建立并优化 RBF LSSVR 模型，利用自然语言模糊算法构建模型参数优化调整策略。使用优化的定标模型预测测试集样本的（L^*，a^*，b^*）值。本案例随机选取测试集（48 个样本），采用 SPXY 方法划分定标集（72 个样本）和检验集（48 个样本）。

关于特征提取，对传统 PCA 算法设计模糊变换，以提高 Vis - NIR 光谱预处理过程中降维能力。将全谱 1 051 个全波段波长转换成一系列按贡献率降序排列的主成分变量；使用单调、三角形、梯形和钟摆形的隶属函数对主成分进行模糊变换。每个函数的间隔空间以数据驱动的方式进行自动调整，从而生成不同类型的主成分变量。通过模糊变换 PCA 预处理生成的变量与 RBF 核建立通用的 LSSVR 模型。再对内核参数进行网格搜索，确定最优主成分数量，预测 48 个测试样本的 L^*、a^* 和 b^* 的数值。考虑到模糊隶属函数有效地降低了网格搜索的计算复杂度，评估了 4 种不同的隶属函数的 PCA 模糊变换性能，对应优化模型的 $\mathrm{RMSE_V}$ 计算结果如表 4 -11 所示。

表 4 - 11　基于 LSSVR 模型的最优主成分数（PnPC）及对应的预测 $\mathrm{RMSE_V}$

	PCA 模糊变换函数				经典 PCA
	单调函数	三角形函数	梯形函数	钟摆形函数	
$(\mathrm{PnPC}, \mathrm{RMSE_V})$ =					
L^*	(9, 6.62)	(8, 6.72)	(12, 6.04)	(10, 5.73)	(9, 7.51)
a^*	(7, 0.67)	(11, 0.64)	(13, 0.74)	(10, 0.75)	(11, 0.82)
b^*	(10, 6.44)	(12, 6.35)	(9, 5.49)	(11, 5.79)	(12, 7.43)

LSSVR 模型参数 γ 和 σ 通过网格搜索的方式来筛选，预设 γ 的调试取值范围是 {10, 20, 30, …, 290, 300}，σ 的调试值为 {1, 2, …, 20}，对应设置相应的 σ^2 值。RBF LSSVR 模型的输入变量是从模糊变换 PCA 算法生成的综合变量中得到的。定标样本和检验

样本用于训练模型并选择最佳参数, 对应获取最佳的 γ 和 σ 取值, 最优 LSSVR 模型的预测 $RMSE_V$ 见图 4-14 中的空心点曲线, 该曲线表明 $RMSE_V$ 值的变化趋势会随着 γ (或 σ) 的增加而增加。当 γ [见子图 (i) — (iii)] 或 σ [见子图 (iv) — (vi)] 的值很小时, $RMSE_V$ 缓慢下降, 当 γ 大于 170 和 σ 大于 14 时, $RMSE_V$ 曲线才达到三个指标的最小值点。

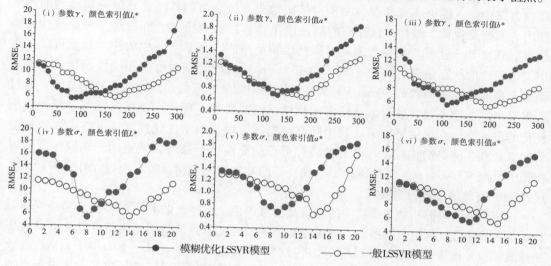

图 4-14 参数 γ 和 σ 的筛选及对应的预测 $RMSE_V$

在自然语言模糊优化模式下, 对 LSSVR 定标模型的 γ 和 σ 参数的筛选应用了自然语言模糊策略进行优化, 输入变量是通过模糊变换 PCA 算法提取的生成综合变量。参数 (γ, σ) 的调试采用自然语言迭代拟合规则, 经过 100 次的迭代优化, 对应的 γ 和 σ 的最佳取值及其对应的 $RMSE_V$ 在图中显示为实点曲线, 当 γ 和 σ 分别接近 100 和 10 时, 实点曲线下降到它们的最小值点。结果表明, 经过自然语言模糊优化的 LSSVR 模型比常规 LSSVR 模型能够更快地收敛到最佳结果。使用模糊优化 LSSVR 模型结合模糊变换 PCA 的变量得到的 L^*、a^* 和 b^* 预测结果如表 4-12 所示。结果表明, 自然语言模糊优化策略能够有效地降低 RBF LSSVR 模型的计算复杂度, 尽管 $RMSE_V$ 的最小值与普通 LSSVR 大致相同, 但使用模糊优化策略时得到的优化参数 γ 和 σ 的最佳取值较小, 能够简化模型结构, 提高运算效率, 该模型有望在农业近红外检测中推广应用。

表 4-12 常规 LSSVR 模型和自然语言模糊优化 RBF LSSVR 模型的最优预测结果

		γ	σ	$RMSE_V$	R_V
L^*	常规 LSSVR 模型	170	14	5.73	0.929
	模糊优化 RBF LSSVR 模型	80	8	5.51	0.913
a^*	常规 LSSVR 模型	190	14	0.64	0.960
	模糊优化 RBF LSSVR 模型	130	9	0.67	0.954
b^*	常规 LSSVR 模型	200	15	5.49	0.937
	模糊优化 RBF LSSVR 模型	110	11	5.62	0.926

二、网络核嵌入式线性算法

光谱检测数据包含很多干扰因素，使得待测样本的光谱信息和对应成分含量信息并不完全呈现线性的关系，因此，在近红外技术的现代化智能进阶研究中，通过在经典的线性方法中嵌入能够实现非线性变换的核函数来改进现有的算法，有效提高模型的预测能力，同时又保留了线性方法原有的算法简单性。加核变换 PLS 回归是一种非线性转换技术，它在 PLS 建模之前将数据映射到高维特征空间，在新空间中的样本数据可以呈现出类似线性的状态信息（Kim et al.，2005）。传统的映射是通过使用线性函数、多项式函数、高斯径向基函数和 Sigmoid 函数等常用核函数来完成的。这些通用核函数需要通过调整其内置参数来建立模型，这种多参数调试模式限制了现代智能机器学习分析下模型优化的灵活性。在这种情况下，利用网络结构能够增强模型优化性能，可以采用数据驱动的方式训练网络链接权重。带有神经元节点的全连接分层网络普遍用于辅助深度学习模型的校准（Chen et al.，2018a）。构建良好的神经网络架构有望成为近红外分析对经典线性 PLS 模型的新型改进技术。

以近红外定量分析柚子果实中的有机酸含量为例，为经典的 PLS 模型设计神经网络架构的优化核函数，构造三层网络，其中隐藏层的神经元节点数量设计为可变动，以自适应的模式提取光谱特征变量，对 PLS 模型进行网络核变化（Chen et al.，2021b）。自适应参数调试的模式是预先将链接权重值进行初始化，通过模型预测误差反馈迭代的方式进行自动调整，该操作过程能够提高近红外预测模型的准确性，用于定量检测柚子的有机酸浓度。

1. 算法原理

（1）加核 PLS 回归。

加核 PLS 可以分为映射和回归两个步骤。假设用于模型训练的近红外光谱数据记录为一个 n 行 p 列的矩阵 X，表示有 n 个样本，每个样本的光谱数据分别为 p 个波长变量，模型训练的待测成分数据记为 n 行 1 列的向量 y，对应到 n 个样本，即：

$$X = (x_1, x_2, \cdots, x_n)^T \tag{4-8}$$

式中，x_i（$i=1, 2, \cdots, n$）是 p 维列向量。核变换方法是将 x_i 数据映射到 s 维特征空间，映射函数记为 $\varphi(\cdot)$，即 $x_i \rightarrow \varphi(x_i)$，因此样本在特征空间中表示为：

$$\varphi(X) = (\varphi(x_1), \varphi(x_2), \cdots, \varphi(x_n))^T \tag{4-9}$$

式中，$\varphi(X)$ 表示一个 n 行 s 列的矩阵，其中第 i 行向量记为 $\varphi(x_i)^T$。于是，加核 PLS 算法推导如下：

第一步，初始化，随机生成一个和 y 向量同维度的向量 u；

第二步，利用核函数变换规则将向量 u 映射到特征空间中的向量 v，$v = \varphi(X) \cdot \varphi(X)^T \cdot u$，并对 v 进行规范化处理 $v = v/\|v\|$；

第三步，利用 v 对 y 进行线性回归，求回归系数 $k = y \cdot v$；

第四步，更新 u 值，$u = y \cdot k$，并对 u 进行规范化处理 $u = u/\|u\|$；

第五步，迭代优化，重复第二至四步，直到 u 值收敛；

第六步，更新核变换函数，$\varphi(X) \cdot \varphi(X)^T = (\varphi(X) - v \cdot v^T \cdot \varphi(X))(\varphi(X) - v \cdot v^T \cdot \varphi(X))^T$；

第七步，更新 y 值，$y = y - vv^T y$。

从加核 PLS 的七个步骤可知，算子 $\varphi(X) \cdot \varphi(X)^T$ 表示所有样本进行特征变换的内积运算，因此，核函数可以用矩阵运算表示为 $\Phi = \varphi(X) \cdot \varphi(X)^T$，其中每个矩阵元素 $\Phi(x_i, x_j)$ 表示 $\varphi(x_i) \cdot \varphi(x_j)^T$。

从而，PLS 的潜变量得分矩阵则利用内核函数进行迭代更新完成，映射关系表示为：

$$\Phi \leftarrow (I - vv^T) \Phi (I - vv^T) \tag{4-10}$$

式中，I 是 n 维的单位矩阵，那么加核 PLS 模型中的系数可以通过回归计算进行估计：

$$b = \varphi(X)^T \cdot U \cdot (V^T \cdot \Phi \cdot U)^{-1} \cdot V^T \cdot y \tag{4-11}$$

式中，$V = [v_1, v_1, \cdots, v_f]$ 和 $U = [u_1, u_1, \cdots, u_f]$ 是 PLS 中的得分矩阵，可以通过 m 个样本的目标成分含量（即 y_{test} 值）进行测试，将测试光谱数据 X_{test} 输入到加核 PLS 模型中来预测，得到预测结果为：

$$y_{\text{test}} = \varphi(X_{\text{test}}) \cdot b \tag{4-12}$$

式中，$\varphi(X_{\text{test}})$ 是从 X_{test} 经过核函数映射得到的特征变量矩阵。

实际上，加核 PLS 方法能够通过使用不同种类的核函数来处理范围广泛的非线性映射。加核 PLS 模型对特定目标成分的建模预测可以使用任何合适的核函数来完成。

（2）网络结构核函数架构。

常用核函数均有其固定的核训练参数，这限制了加核 PLS 模型在面对动态的在线检测时智能处理数据的灵活性。相对而言，神经网络框架可以通过自动拟合其链接权重来进行灵活训练。因此，构建三层全连接神经网络作为 PLS 回归模型的新型核变换函数，用于农业数据的近红外光谱定量分析，网络架构如图 4-15 所示。

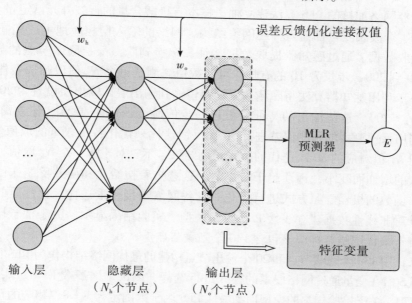

图 4-15 用于特征识别的全连接网络内核

网络架构被设计为包括输入层、输出层和一个隐藏层，是一个结构简单的网络框架。输入层用于接收波长变量，输入节点的数量原则上等于全扫描波段中的波长数量。从输入层到隐藏层的数据传递是使用简单的感知器模型进行计算，使用 relu 函数进行神经元激活，每个隐藏节点代表所有输入节点的神经变换，隐藏变换的链接权重（w_h）经过随机初始化后自动拟合模型，并根据多次迭代输出的预测误差进行反馈调整。隐藏节点的数量（N_h）设计为网络结构中的可调参数，用于筛选多个感知器。

接下来，将获取到的 N_h 个隐藏节点用于感知器变换，在输出层生成多个神经节点；输出变换的链接权重（w_o）也随机初始化并等待优化。所有输出节点的变量用于建立 MLR 模型，输出预测误差（E），输出节点数（N_o）代表 MLR 的自变量个数，从而决定了 MLR 模型的复杂度。输出预测误差进一步反馈给每个感知器，用于自适应调整隐藏层和输出层的链接权值（即 w_h 和 w_o）的链接权重。整个迭代过程设置为可以进行 n 次误差反馈。迭代完成后，可以通过选择的 N_h 和 N_o 识别最优网络结构，并自动拟合 w_h 和 w_o。输出层中的变量被视为 PLS 回归的核函数变换特征。通过最优网络架构提取的这些特征变量有望提高加核 PLS 方法的模型效率。

2. 应用案例

采摘成熟的柚子果实样本，从中选择 248 个具有完整形状的样本，且大小大致相同。OA 浓度的检测采用离子色谱法（GB5009. 157—2016）。248 个样本的 OA 浓度范围为 8. 91 ~ 13. 68 g/kg，平均值和标准偏差分别为 11. 12 g/kg 和 1. 39 g/kg。近红外光谱使用 Spectrum One NTS FT – NIR 光谱仪（美国 PerkinElmer 公司）测量。在光谱测量过程中，温度和湿度保持恒定为 25 ± 1℃ 和 47 ± 1% RH。光谱全扫描波段设置为 $10\,000 \sim 4\,000\ cm^{-1}$，分辨率为 $4\ cm^{-1}$，产生 3 114 个波数变量。测量的光谱数据和检测到的 OA 浓度数据用于近红外分析。

应用神经网络加核的 PLS 算法建立柚子样本有机酸含量的近红外光谱定量分析模型。将全部 3 114 个波长变量都输入神经网络结构，网络的输入层相应地生成相同数量的输入节点来接收数据。通过感知器提取数据特征，转换到隐藏层，隐藏节点的数量（N_h）设置为从 10 到 200、步长为 10 的有规律可调数值。测试每个 N_h 值以筛选最佳隐藏节点数量。进一步利用感知器算法将隐藏数据转换传输到输出层，输出层设置为 20 个输出神经元（即 $N_o = 20$）。这些输出的特征变量进一步传递给 Softmax 单元，建立简单的 MLR 预测器，利用该预测器的预测误差进行 50 次反馈迭代来优化各个权重的取值。图 4 – 16 显示了不同 N_h 值对应的 50 次迭代的过程预测结果，不管对于哪一个 N_h 取值，$RMSE_V$ 随着迭代次数的增加而变小，逐渐趋于最小值。这意味着初始化和误差反馈迭代机制能够使用网络核函数的机器学习方式进行优化。具备网络链接权重迭代优化性质的网络核函数有利于针对非线性数据建立线性 PLS 回归模型。实验结果显示，关于柚子样本有机酸含量的检测，最优网络结构应该包含 130 个隐藏节点。

接下来，用 130 个隐藏节点和 20 个输出节点构建的最优网络结构作为 PLS 回归的核变换函数。PLS 潜在变量通过网格搜索的模式进行选择，测试了因子数 F = 1，2，…，20 的 PLS 回归模型。关于检验样本的模型训练最佳 PLS 因子数确定为 F = 8，相应的预测 $RMSE_V$ 和 R_V 分别为 0. 834 和 0. 936。为了比较，常用的线性、多项式、RBF 和 Sigmoid 函数也用作 PLS 回归的核变换。各种核函数的模型预测结果对比如表 4 – 13 所示。

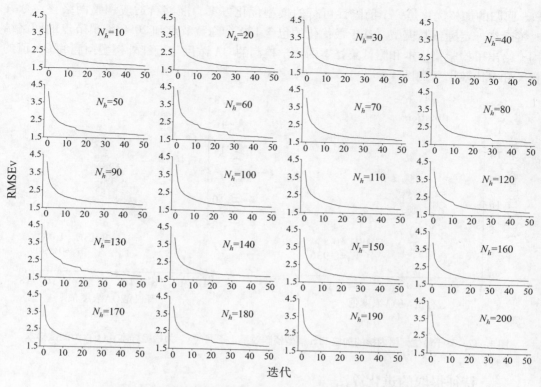

图 4 – 16 用于误差反馈优化的 MLR 模型迭代预测的 $RMSE_V$

表 4 – 13 不同核函数对应的 PLS 模型对检验样本和测试样本的预测结果

	核参数	PLS 因子数	$RMSE_V$	R_V	$RMSE_T$	R_T
线性核函数	—	15	1.740	0.838	2.093	0.816
多项式核函数	$d = 3$	12	1.448	0.883	1.798	0.844
RBF 核函数	$\sigma = 64$	9	1.159	0.908	1.429	0.876
Sigmoid 核函数	$\tau = 0.16$	7	1.072	0.902	1.357	0.862
网络核函数	$\begin{cases} N_h = 130 \\ N_o = 20 \end{cases}$	8	0.834	0.936	1.081	0.890

　　基于定标样本建立了用于柚子 OA 浓度的近红外光谱定量分析的加核 PLS 模型，并通过验证样品进行了优化。得到的网络优化加核 PLS 模型通过 64 个测试样本进行评估。测试样本的光谱数据输入网络，经过 130 个隐藏节点和 20 个输出节点的网络核变换，输出特征变量进行 PLS 调试因子数的筛选，获得模型预测的 $RMSE_T$ 和 R_T（见表 4 – 13 的后两列）。至于对比，其他常用核函数的模型评价结果也同时给出。

　　从表 4 – 13 可以看出，对于非线性加核 PLS 回归模型，所提出的网络核变换方式在模型训练或模型评估过程中均优于常见的几个核函数。因此，使用神经网络架构进行

PLS 回归的加核优化是一个前瞻性可行的模型优化方案，能够自适应调整网络核参数并改善近红外定标预测模型。基于最优化的包含 130 个隐藏节点和 20 个输出节点的网络结构，给出了检验集样本和测试集样本的化学检测的 OA 浓度与近红外模型预测的 OA 值的相关性对比效果（见图 4 – 17）。

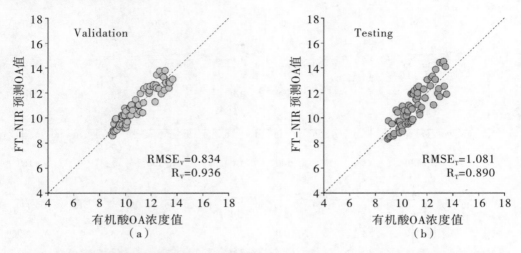

图 4 – 17　基于最优网络内核的加核 PLS 模型预测效果，子图（a）为检验样本，（b）为测试样本

三、特征提取的进化算法

1. 算法原理

利用 CSMWPLS 算法对近红外光谱数据进行信息波段的筛选，会出现多个优选波段信息重叠的效果，为充分考虑不同光谱波长组合模式对 NIR 分析模型预测效果的影响，在 CSMWPLS 的模式下，将同一个窗口宽度 w 下每一个子 PLS 模型与全谱 PLS 模型进行对比，选择预测效果比全谱 PLS 模型更优秀的子区间（定义为有效区间），将同一窗口宽度 w 下有效区间内的波长并集作为该 w 取值下的联合区间。由于联合区间是多个子区间的并集，MWPLS 算法优选的区间内包含大量的连续波长，数据信息存在冗余，因此需要对联合区间进行二次波长筛选（Zhang et al.，2021）。

考虑采用差分进化（DE）算法在 CSMWPLS 优选的区间内进行二次波长筛选，设定初始参数：种群规模（NP）、优选区间的波长数量（D）、交叉概率（CR）、最大迭代次数（G）和当前迭代次数 g。算法采用 0 ~ 1 二进制编码，编码 0 表示对应的波长未被选中，编码 1 表示该波长被选中，设置 0 ~ 1 编码串的长度等于优选区间的波长数量 D。首先随机产生 NP 个长度为 D 的 0 ~ 1 字符串作为初始种群 X，用来确定待优化的优选区间内的波长被选中状态；基于训练集样品，针对每个个体 $x_{i,g}$（$i = 1$，2，…，NP）所选择的波长组合建立 PLS 定标模型，对验证集样品进行预测，以验证集均方根误差（$RMSE_V$）作为个体 $x_{i,g}$ 的适应度函数值 fit（$x_{i,g}$）；对 X 中的个体进行变异操作得到相同规模的变异种群 V，对变异种群 V 中的变异个体 $v_{i,g+1}$ 和 X 中的父代个体 $x_{i,g}$ 进行单点交叉产生新个体种群 U。若 U 中的新个体 $u_{i,g+1}$ 的适应度值小于 X 中的父代个体 $x_{i,g}$ 的适应度值，则新个体 $u_{i,g+1}$ 将代替父代个体 $x_{i,g}$ 进入下一代进化，即 $x_{i,g+1}=u_{i,g+1}$，否则不替换，即 $x_{i,g+1}=x_{i,g}$；当变异、交叉和选择操作结束记为完成一次迭代，记录当前代最小适应度值和最优个体，当达到最大迭代次数 G 则算法终止。

变异算子有助于 DE 算法突破局部最优搜索到全局最优解，将上述变异算子的差分进化记为 DE1，该算子结构简单，无变异参数，整个迭代过程中当差向量为 1 时立即引发变异操作，在算法初期有利于扩大搜索范围，而在搜索后期较大的变异概率不利于种群中的个体收敛到最优解，应适当减小变异概率。针对此问题已有对变异算子的改进，具体如下：

$$v_{ij,g+1}=x_{r0j,g}+(-1)^{sig}\mid x_{r1j,g}-x_{r2j,g}\mid \tag{4-13}$$

$$\text{s. t.}\quad sig=\begin{cases}1, & rand<0.5\\0, & rand\geqslant 0.5\end{cases}$$

式中，sig 为示性函数，$rand$ 为 $[0,1]$ 中的随机数，将式（4-13）变异算子的差分进化记为 DE2，变异算子为父代个体 $x_{r0j,g}$ 提供了一定的变异概率，当差向量为 1 时有 0.5 的变异概率，若变异后的变量超出界则采用截断法进行处理。但由于在整个迭代过程中变异参数固定，不能根据迭代情况进行自适应调节，对算法的收敛速度的影响较大。针对此问题，本书提出新的变异算子，具体如下：

$$v_{ij,g+1}=x_{r0j,g}+(-1)^{fun}\mid x_{r1j,g}-x_{r2j,g}\mid \tag{4-14}$$

$$\text{s. t.}\quad fun=\begin{cases}1, & rand<f\\0, & rand\geqslant f\end{cases};f=-\frac{g^2}{2*G^2}+0.9$$

式中，f 作为自适应参数，根据迭代次数自适应调节变异概率。为使搜索结果向全局最优解逼近，在迭代初期算法的变异概率较大，根据迭代次数的增大逐渐减小算法的变异概率，将式（4-14）变异算子的差分进化记为 DE3。为对比三种不同变异算子对算法搜索效果的影响，将 DE1、DE2 和 DE3 分别与 CSMWPLS 结合形成三种不同的二次波长筛选模式，用于对鱼粉近红外光谱数据的波长优选。

2. 应用案例

收集 194 份鱼粉样品，采用常规方法（GB/T 6438—2007）测定所有样品的灰分含量，作为近红外光谱分析的参考化学值，灰分含量的范围为 15.88% ~ 29.90%，平均值和标准差分别为 23.10% 和 3.27%。采用丹麦 FOSS NIR Systems 5000 光栅型光谱仪采集样品的光谱数据，仪器采用 PbS 检测器，扫描波长范围为 1 100 ~ 2 500 nm，间隔为 2 nm，共记录 700 个波长点。实验在恒温恒湿的条件下进行，实验温度为 25 ± 1°C，相对湿度为 49 ± 1% RH，每份样品经光谱仪测量 64 次，输出平均光谱。由于实验过程中人为或环境等因素的干扰，对所有样品基于预测浓度残差进行异常值检测并剔除。采用留一交叉验证依次选择一个样品作为验证集，由剩余 193 份样品作为训练集建立 PLS 模型，记 r_i 为第 i 个样品预测值和化学参考值之间的残差，根据残差平方和最小确定最佳主成分，构造统计量 $F_i=\dfrac{\mid r_i\mid}{\dfrac{1}{n-1}\sum_{\substack{j=1\\j\neq i}}^{n}\mid r_j\mid}$，采用统计显著性检验判断每个样品与其余样品之间是否存在显著性差异，最终剔除异常样品 1 个，剩余 193 份鱼粉样品。在 193 份鱼粉样品中随机抽取 47 个样品作为测试集，不参与模型训练过程。剩余 146 份样品采用 SPXY 方法划分出 98 个训练集样品和 48 个验证集样品。各个样品集鱼粉灰分含量的统计结果如表 4 – 14 所示。在建立鱼粉灰分的近红外定量分析模型时需根据模型的评价指标进行模型的比较和优选。

表 4 – 14　鱼粉灰分含量的测量结果

	样本数量	鱼粉灰分含量（单位：%）			
		最大值	最小值	平均值	标准偏差
定标集	98	29.90	15.88	23.41	3.37
检验集	48	28.69	16.39	22.84	3.08
测试集	47	29.18	15.88	22.89	3.31

首先用 CSMWPLS 算法对鱼粉光谱数据进行波段筛选，调试窗口宽度 w 跳跃式增长，步长为 1 从 1 增加到 100，步长为 5 从 105 增加到 400，步长为 10 从 410 增加到 700；在每一个窗口宽度下初始波长 k 从 1 100 nm 依次增加。在 (w, k) 取遍上述所有值时共得到 96 340 个子波段，基于每个子波段分别建立子 PLS 模型，并将模型用于对检验集样品的预测，所有子 PLS 模型的 $RMSE_v$ 如插页附图 5 所示。全谱 PLS 模型的 $RMSE_v$ 为 0.845，将预测效果优于全谱 PLS 模型的 1 612 个子波段视为有效区间。把同一窗口宽度 w 下有效区间进行联合后得到 73 个联合区间，每个联合区间内所包含的波长如插页附图 6 所示。可以看出，当 w 小于 150 时，无联合区间，即在窗口宽度小于 150 时子波段内包含与待测组分相关的有效波长不足，导致模型预测效果达不到全谱 PLS 模型。区间联合虽能充分考虑与待测组分相关的有效波长，但当窗口宽度较大时，联合区间内的波长数目近似整个光谱区间，联合区间相较于单个子波段更易受到无效波长信息的影响，并不能促进模型预测效果的提升。

为判断区间的联合对 NIR 分析模型预测效果的影响，基于 73 个联合区间分别建立 PLS 模型，并与对应窗口宽度下最优子区间的预测效果进行比较，结果如图 4 – 18 所示。由于冗余信息增加，大多数联合区间的预测效果相较于最优子区间有所下降，有 11 个窗口宽度下区间的联合进一步提升了单个最优子区间模型的预测效果，11 个联合区间包含的波段分别记为 Si1 = 1 932 ~ 2 476，Si2 = 1 334 ~ 1 692∪1 922 ~ 2 496，Si3 = 1 158 ~ 1 846∪1 952 ~ 2 342，Si4 = 1 140 ~ 1 550∪1 930 ~ 2 462，Si5 = 1 132 ~ 1 550∪1 924 ~ 2 476，Si6 = 1 144 ~ 1 692∪1 918 ~ 2 498，Si7 = 1 134 ~ 1 692∪1 912 ~ 2 498，Si8 = 1 124 ~ 1 692∪1 906 ~ 2 498，Si9 = 1 188 ~ 1 816∪1 840 ~ 2 498，Si10 = 1 116 ~ 2 082 和 Si11 = 1 114 ~ 2 082（nm）。这 11 个联合区间的模型预测效果虽优于单个最优子区间，但区间的联合导致联合区间内的波长数目远超最优子区间，为进一步简化模型并消除干扰信息和无信息波长对模型预测效果的影响，在 11 个联合区间内分别采用三种不同变异算子的 DE 以验证集的 $RMSE_v$ 最小为导向进行鱼粉近红外波长的二次筛选。

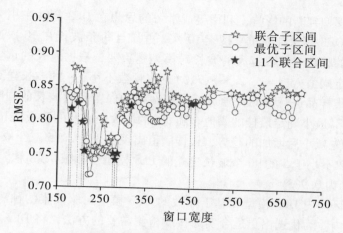

图 4 - 18　联合区间与最优子区间的预测结果对比

为对比三种不同变异算子的 DE 算法对寻优结果的影响，在进行二次波长筛选时对 DE1、DE2 和 DE3 设置相同的初始参数，算法中种群规模的扩大和迭代次数增加可以帮助收敛到最优解，但考虑到 DE 算法在计算中耗时的问题，故将参数设置为 $NP = 60$，$G = 100$，$CR = 0.3$，以个体包含的波长所建立的 PLS 模型对验证集的 $RMSE_V$ 作为个体的适应度函数值。在 11 个联合区间内分别由 DE1、DE2 和 DE3 经过 100 次迭代筛选出的最优解如图 4 - 19 所示，由图可知通过与联合区间内的 PLS 模型进行对比，DE1、DE2 和 DE3 对波长的二次筛选进一步提高了模型的预测效果，且减少了参与建模的波长数目，在相同的参数下，11 个联合区间内 DE3 算法的表现均优于 DE1 和 DE2。DE3 的表现验证了自适应参数的变异算子要优于无参数变异和固定参数的变异算子。

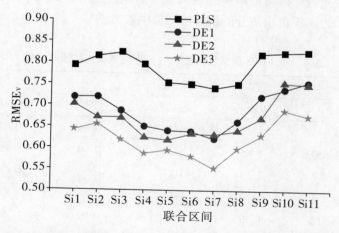

图 4 - 19　11 个联合区间内 DE1、DE2 和 DE3 的二次波长筛选模型的预测结果

由于差分进化算法的初始种群是随机生成的，若初始种群中的大部分个体都远离最优解，则会限制算法的求解效率。DE3 算法迭代筛选的最优结果出现在联合区间 Si7，对应最小 $RMSE_V$ 为 0.553，最大出现在 Si10 上，$RMSE_V$ 为 0.678。由于在 11 个联合区间内 DE3 算法寻优结果的差异并不显著，且部分差异可能是算法中随机因素所导致，为减少

随机因素对优选模型判断的影响，利用集成学习的思想在 DE3 算法中引入频数，在每个联合区间内采用 DE3 算法独立重复搜索 10 次，并统计每条波长在 10 次迭代筛选出的最优个体中所出现的频数。频数越大的波长对模型越重要，根据波长的重要性进行波长筛选时，对频数设定阈值 j（$j = 1, 2, \cdots, 10$），取频数不小于 j 的波长建立 PLS 模型，将模型用于对验证集样品进行预测，合适的阈值在帮助保留有效波长的同时可以减少无信息波长，以 $RMSE_V$ 最小确定最佳的阈值。随着 j 的增大，涉及的建模波长数目逐渐减少，模型 $RMSE_V$ 呈现先减小后增加的趋势，最佳阈值出现在 3、4 和 5 三个取值中，在联合区间 Si7 上基于频数不小于 5 的 96 个波长建立的 PLS 模型预测效果最优，对验证集的 $RMSE_V$ 为 0.570，R_V 为 0.983。

在每个联合区间内 DE3 模型和基于频数的 DE3 模型对验证集的预测效果相差较小，均在可接受范围内。为优选出更适合实际在线检测需要的方法，将 DE3 模型和频数 DE3 模型分别用于对独立的测试集样品进行预测，结果如表 4 – 15 所示，在所有联合区间内频数 DE3 模型对测试集的预测效果均优于 DE3 模型，两种算法对测试集的最优预测效果均出现在 Si1，该联合区间内包含 273 个波长，DE3 模型由筛选出的 67 个波长建立，模型对测试集的 R_T 为 0.935，$RMSE_T$ 为 1.212；频数 DE3 模型由以最佳阈值为 3 筛选出的 113 个波长建立，模型对测试集的 R_T 为 0.941，$RMSE_T$ 为 1.160。根据模型对测试集的预测结果，频数 DE3 模型相较于 DE3 模型而言表现更加稳定，可在一定程度上减少随机因素对算法的影响，更能满足实际生产的需要。

基于传统的二进制差分进化算法，设计一种新的二进制自适应差分变异算子，并将其与 CSMWPLS 算法结合应用到鱼粉近红外波长筛选当中，通过对两种传统变异算子进行对比，验证了被提出的变异算子在近红外光谱波长筛选问题中的有效性。在 DE 算法基础上进一步引入频数可以帮助减少随机因素的影响，进而提高近红外定量分析模型的适应性和稳定性，为实现鱼粉灰分的快速检测提供参考。

表 4 – 15　DE3 模型和频数 DE3 模型对测试集的预测结果

联合区间	DE3			频数 DE3		
	R_T	$RMSE_T$	波长数	R_T	$RMSE_T$	波长数
Si1	0.935	1.212	68	0.941	1.160	113
Si2	0.850	1.851	136	0.902	1.430	138
Si3	0.807	2.134	147	0.839	1.873	285
Si4	0.859	1.703	138	0.884	1.577	143
Si5	0.912	1.397	114	0.923	1.297	159
Si6	0.829	1.980	164	0.908	1.392	160
Si7	0.878	1.611	135	0.907	1.400	96
Si8	0.902	1.453	152	0.903	1.433	303
Si9	0.918	1.320	192	0.929	1.238	198

（续上表）

联合区间	DE3			频数 DE3		
	R_T	$RMSE_T$	波长数	R_T	$RMSE_T$	波长数
Si10	0.750	2.864	143	0.771	2.647	125
Si11	0.761	2.804	114	0.765	2.637	167

四、组合优化方案

禁忌搜索（TS）是一种通过短期记忆结构的禁忌表来避免重复搜索的优化算法（Glover，1990）。当把 TS 用在优化近红外光谱分析的样品划分的环节中，这个算法会记录近期在定标集和验证集之间调整的样品并把样品存入禁忌表中，使禁忌表内的样品在一定时间内被禁忌而不能再被调整。这种禁忌表的方式可以帮助算法跳出循环和局部最优，且从候选解中选择解决方案的方式，可以有效地提高优化效果。布谷鸟搜索（CS）是一种可以实现多个搜索过程同时进行的自然元启发式算法（Yang & Deb，2013）。自然生存的优胜劣汰法则能获取更优秀的结果，可运用到近红外光谱分析的样品划分过程中，但当选择定标集和验证集作为一个解决方案时，算法的鸟类飞行特性不适合在样品集合中进行随机搜索。

自适应混合布谷鸟—禁忌搜索（AHCTS）是一种混合型优化算法，它综合了布谷鸟算法和禁忌搜索算法的优点。AHCTS 依据模型的评价指标反向调整样品的划分，来找到更合适的定标集和验证集，并把这些建模样品集作为当前定标模型优化问题较好的解决方案（Chen et al.，2021a）。它保留了 CS 支持多个搜索过程同时进行的优点，也融合了 TS 能够跳出循环和局部最优的优点。AHCTS 采用自适应邻域结构的搜索方式，这种方式能依据现有的样品，在不同的迭代阶段通过选择不同的邻域结构来设计出合理的自适应优化方案。AHCTS 的另一个功能是对搜索到的解决方案以一定概率实施进化，且进化操作会向全局最优的解靠拢。此外，参数选择也是提升算法性能的重要因素，合理的参数可以实现算法快速优化，提高模型的预测精准度。

1. 算法原理

（1）改进的 CS 算法。

CS 采用自适应邻域结构为算法的搜索方式，并按照交换程度的大小设置不同范围调整的邻域结构。在计算前期需要尽可能大范围地调整两个集合的样品，即对大概率使用大范围调整的邻域结构进行调整。中期逐渐降低大范围调整的使用概率，同时提升中和小范围调整的邻域结构的使用概率。后期为了使结果更精确，大概率考虑小范围调整的邻域结构的使用概率。邻域结构的概率取值随着迭代次数增加而动态调整。大中小范围调整的邻域结构的概率区间按照 20% ~ 50% 设定，故概率定义如下：

$$P_L = 0.2 + 0.3 \times \left(\frac{1}{1 + e^{\frac{0.1 \times tot - it}{10}}} \right) \tag{4-15}$$

$$P_S = 0.5 - 0.1 \times \left(\frac{1}{1 + e^{-\frac{0.1 \times tot - it}{10}}} \right) - 0.2 \times \left(\frac{1}{1 + e^{-\frac{0.5 \times tot - it}{10}}} \right) \tag{4-16}$$

$$P_M = 1 - P_S - P_L \tag{4-17}$$

式中，tot 为迭代规模总数，决定自适应概率规模的大小，it 为迭代次数。此外，P_L 表示大范围调整邻域结构的使用概率，P_S 表示小范围调整邻域结构的使用概率，P_M 表示中范围调整邻域结构的使用概率。

CS 搜索过程中，解决方案会以一定概率（p_a）被淘汰并不再对这些样品做更多的操作。存活下来的建模样品将会向目前最好的解决方案方向进化。进化操作可以提高算法的收敛性和精确度。此操作使用大范围调整的邻域结构对当前 S_{best} 做一次全局的扰动，并在它的候选解中选出较好的解决方案。若新的解决方案比之前的 S 好则记录下来，反之舍弃。

（2）改进的 TS 算法。

经典 TS 算法中的禁忌表长度（$tabulen$）表示禁忌表可以存放迭代的时长，当禁忌表被填满时，会释放表中最早的样品，同时添加最近调整的样品到禁忌表当中。当搜索到更好的解决方案却被禁忌时，蔑视准则就可以解除禁忌，保证每次搜索都能记录更好的解决方案。TS 在 AHCTS 算法中既可以对邻域结构产生的候选解进行扩展搜索，又可以利用禁忌表和蔑视准则来防止局部最优的情况发生。

在 TS 算法开始的位置设定一个小范围优化措施。这个措施以当前定标集和验证集为基础，通过交换两个集合的样品的方式产生一定数量的候选解，并从候选解中选择适应度更好的 S 代替之前的解决方案。此优化方法在算法的早期启用可以获得更大的收益。而在算法的后期，选择的建模样品已经相对稳定，这时对每个 S 启用该优化方法不仅延长计算时间还很难获得更好的结果。

为了保证小范围优化既不用消耗大量时间又能充分发挥作用，随着迭代次数的增加逐渐降低小范围优化的使用概率。为此设定范围优化策略触发的概率区间是从前期的 50% 到后期的 20%。TS 操作先对输入的候选解执行范围优化策略得到新的候选解，再进行禁忌搜索。其中，当候选解的某些解决方案触发了范围优化的启动概率后，只对这些解决方案执行小范围优化措施，剩余的解决方案不需要进行优化。范围优化概率定义如下：

$$P = 0.2 + 0.3 \times \left(\frac{1}{1 + e^{-\frac{0.2 \times tot - it}{10}}} \right) \qquad (4-18)$$

式中，P 表示范围优化策略的启动概率。

（3）AHCTS 算法。

AHCTS 是通过对比解决方案之间的适应度的优劣来寻找合适的解决方案的算法。在算法开始时，规定初始划分样品数（n），选择有 n 个搜索过程同时进行。候选解数目（$candi$）的大小决定了算法每次迭代后 S_{best} 变化的程度。$candi$ 越大，S_{best} 变化的效果越明显，但 AHCTS 的计算时长增加。在计算过程中，迭代规模总数（tot）和迭代次数（it）是算法衡量迭代标准的参数。tot 是算法中迭代的最大规模次数，it 是实际迭代次数。tot 和 it 的设置有利于自适应功能的计算。除此之外，AHCTS 还需要前文提到过的禁忌表长度 $tabulen$ 和淘汰概率 p_a。

初始建模样品以随机抽样的方式产生 n 个解决方案的集合（S），S_j 表示 S 中第 j 个解决方案（$j \in [1, n]$）。通过比较 S 中的适应度，找到初始的最优解决方案 S_{best}。对 S 中每一个 S_j 实施自适应领域调试、TS 操作和进化操作，同时记录 n 个搜索过程中较好的解决方案。这些解决方案会更替 S 中旧的解决方案。当 S 中所有解决方案完成这些操作以后，更新 S_{best} 并记为一次迭代。若 AHCTS 达到设定的迭代次数 it，输出最后的解决方案 S_{best}，否则对新的 S 做下一次迭代计算。

TS 操作和进化操作是 AHCTS 的关键步骤。自适应邻域结构会产生一个随机数 $p \in [0, 1]$，根据当前的 S_j 和迭代情况算出 P_L、P_M 和 P_S 的使用概率。查看 p 属于哪个概率区间，并选择相应的邻域结构 S_j 以产生数量为 $candi$ 的候选解（X）。TS 操作首先对 X 实行范围优化策略得到一个新的解决方案的集合（Y）。按照适应度从好到坏的顺序对 Y 进行排列并用 Y_k 表示 Y 中第 k 个解决方案（$k \in [1, candi]$）。在禁忌表的约束和蔑视准则的条件下，依次对 Y 中每个解决方案进行筛选并找出符合要求的 Y_k。之后依据淘汰概率 p_a 判断 Y_k 是否存活，若存活则实施进化操作。进化操作会使存活的 S_j 向 S_{best} 方向进化。当完成这些操作时，AHCTS 会把更新的 S_j 作为下次迭代计算的解决方案。

此外，参数的选择对最终结果的好坏十分重要，参数的合理选择可以有效地提高算法的精准度以及运算速度。$candi$ 决定了当前解决方案搜索区域的大小，it 决定了算法迭代次数的多少，它们是保证 AHCTS 搜索速度和收敛状态的重要条件。然而，$candi$ 过大会降低算法的搜索速度，而 it 过大会造成不必要的计算。考虑到参数 $candi$ 和 it 很大程度上决定了最终解决方案的好坏和运算时间的消耗，当其余参数不变的情况下，在一定范围内寻找最合适的 $candi$ 和 it 作为选择参数的方法。在剩余的参数中，初始划分样品数 n 规定为 10% 定标集的整数，禁忌表长度 $tabulen$ 规定为 30% 定标集的整数，淘汰概率 p_a 规定为 0.25。

2. 应用案例

把 AHCTS 算法应用到近红外光谱分析的样品划分环节，希望找到近红外定标数据的样本集划分的合理优化方案。随后用优化后的建模样品建立定标模型以提高近红外光谱模型的预测能力。具体来说，采用 AHCTS 划分建模样品的方式来实现算法的研究和应用，并通过经典的 PLS 建立定标模型（AHCTS – PLS），希望提高模型的效果。为了比较 AHCTS 算法的效果，在保持定标模型一致的情况下选用常规的 KS 和 SPXY 算法作对比（KS – PLS 和 SPXY – PLS）。通过多次对比实验得到相应的模型评价指标，验证 AHCTS 在不同情况下的效果以及在近红外分析中的有效性（陈伟豪，2021）。

收集 102 个鱼粉样品，采用常规实验方法（GB/T 6438—2007）测定每个鱼粉样品的蛋白质含量，作为实验的化学参考值。测量蛋白质含量的范围为 62.05% ~ 66.68%，平均值和标准偏差分别为 64.04% 和 0.93%。采用 FOSS NIR Systems 5000 光栅型光谱仪测量所有鱼粉样品的近红外光谱数据。光谱测量采用空气作为系统背景，设置内置光学系统对每个样品（包括背景测量）自动扫描 64 次，实验温度为 25 ± 1℃，相对湿度为 49 ± 1% RH。光谱测量波长范围设置为 1 100 ~ 2 500 nm，光谱数据采集间隔为 2 nm，全谱段共有 700 个波长点。

在样品数量划分中，定标集、验证集和测试集三个集合的样品数量以 2∶1∶1 的比例进行划分。具体操作是从 102 个鱼粉样品中随机选取 25 个样品作为测试集，且不参与建模过程。剩余 77 个样品采用 AHCTS 算法划分为 52 个定标集样品和 25 个验证集样品。随后，利用定标集样品建立 PLS 定标模型。采用验证集对定标模型进行优化来选择合适的 PLS 因子，且因子数范围设定在 1 ~ 30 的整数之内。模型评价过程主要是对已优化的

定标模型进行有效性检验，根据预测的结果评价模型的精准度和稳定性。AHCTS 以
$RMSE_v$ 作为定标模型的适应度函数。此外，算法中定标集和验证集之间调整的样品数也
是一个需要考虑的因素。样品交换数取值范围规定在定标集数量的 1% ~20% 之间的整数
集。经过对比发现，交换六对、三对和两对样品后的定标集变化率成等差数列。因此，
分别选择它们作为大、中、小范围调整的邻域结构较为合适。

在 AHCTS 的参数选择过程中，*candi* 被设定在 1 ~20 范围之内，*tot* 为 50，因此 *it* 的
范围在 1 ~50 之内。由于定标集数量为 52，剩余参数按算法规定设定 *n*、*tabulen* 和 p_a 分
别为 5，16，0.25。从 102 个鱼粉样品中随机抽取 77 个作为建模样品，并用 AHCTS 划分
成 52 个定标集和 25 个验证集。之后采用建模样品建立 PLS 模型。通过 $RMSE_v$ 的分布状
况选择 AHCTS 合理的参数，发现算法迭代次数越多得到的最终定标模型越好，但是也耗
费了大量的计算时间。而在迭代后期，模型的评价指标基本达到收敛状态，无需花费大
量时间对结果进行很小程度的优化。因此，规定迭代结束条件为当前迭代变化量与总迭
代变化量的比值小于 0.3% 或迭代次数达到迭代规模总数。当两个条件任意一个满足时，
完成迭代并记录迭代次数。经过计算，满足迭代结束条件的 *it* 和相应的 $RMSE_v$ 如图 4 –
20 所示。图 4 – 20 （a）表示 *candi* 与 *it* 的关系，当 *candi* 较小时 *it* 的波动幅度较大，不
适合参数选择。图 4 – 20 （b）表示 *candi* 与 $RMSE_v$ 之间的关系，当 *candi* 为 15 时 $RMSE_v$
存在最优值。可以看出当 *candi* 和 *it* 分别为 15 和 18 时，$RMSE_v$ 存在最优值为 0.148。因
此，选择 15 和 18 作为 *candi* 和 *it* 的鱼粉样品参数。在划分鱼粉样品算法中，AHCTS 的
所有参数值的选择如表 4 – 16 所示。希望这些参数可以使 AHCTS 划分的定标集和验证集
建立的定标模型达到一个较好的效果。

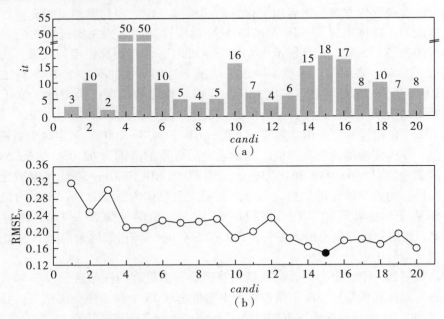

图 4 – 20　*candi* 与其对应的 *it* （a）和 $RMSE_v$ （b）的关系

表 4-16　AHCTS 算法的参数选择

参数	参数解释	取值
n	初始划分样本数量	5
$candi$	候选解集的数量	15
$tabulen$	禁忌列表长度	16
p_a	消去概率	0.25
tot	迭代规模大小	50
it	迭代次数	18

接下来执行对比实验来验证 AHCTS 的建模效果。随机抽取 25 个样本作为测试集，剩余的 77 个建模样品分别采用 KS，SPXY 和 AHCTS 三种不同的算法划分定标集和验证集。随后这些方法都采用 PLS 建立定标模型，并计算相应的 $RMSE_V$，RPD_V 和 R_V。为了判断不同样品划分的效果是否有差异，5 次实验采用不同的建模样品对三个策略（KS-PLS，SPXY-PLS 和 AHCTS-PLS）进行建模，并得到多个评价指标。5 次实验分别记为：Test1，Test2，Test3，Test4，Test5。5 次实验结果的评价指标在表 4-17 中展示。在 Test1，Test2 和 Test5 中的 SPXY-PLS 要好于 KS-PLS，在 Test3 和 Test4 中的 KS-PLS 要比 SPXY-PLS 效果略优。总体来说，SPXY-PLS 优于 KS-PLS，但效果差距不大，而且有可能存在 KS-PLS 结果比 SPXY-PLS 好的情况。与提出的算法相比，5 次实验的 AHCTS-PLS 都优于 KS-PLS 和 SPXY-PLS，而且效果明显。AHCTS-PLS 效果最好的 $RMSE_V$ 是在 Test5 中，其对应的 $RMSE_V$，RPD_V 和 R_V 分别为 0.156，6.043 和 0.988。通过评价指标的对比或许说明了 AHCTS-PLS 在不同建模样品的条件下都存在提高模型性能的可能性。

表 4-17　5 次实验结果中不同策略下的评价指标

	策略	$RMSE_V$	RPD_V	R_V
Test1	KS-PLS	0.415	2.369	0.929
	SPXY-PLS	0.331	2.760	0.935
	AHCTS-PLS	0.165	6.941	0.991
Test2	KS-PLS	0.446	1.951	0.908
	SPXY-PLS	0.343	2.207	0.917
	AHCTS-PLS	0.177	4.979	0.981
Test3	KS-PLS	0.407	2.235	0.933
	SPXY-PLS	0.418	1.849	0.865
	AHCTS-PLS	0.161	5.893	0.986

（续上表）

	策略	$RMSE_V$	RPD_V	R_V
	KS – PLS	0.397	2.485	0.945
Test4	SPXY – PLS	0.397	2.331	0.928
	AHCTS – PLS	0.160	5.937	0.990
	KS – PLS	0.425	2.015	0.926
Test5	SPXY – PLS	0.382	2.307	0.903
	AHCTS – PLS	0.156	6.043	0.988

　　选用 Test5 中的 AHCTS – PLS 的定标模型进行模型评价。模型对测试集的预测结果在一定程度上反映了模型的预测能力。通过 AHCTS – PLS 策略的定标模型预测测试集样品得到近红外光谱预测的蛋白质含量，并与之前测得的化学参考值进行比较。经计算得到的 $RMSE_T$，RPD_T，R_T 和 PLS 因子分别为 0.397，2.528，0.919 和 15。结果表明，采用 AHCTS 划分的样品集建立 PLS 模型得到的预测结果具有较高的相关程度和较小的预测偏差。AHCTS 在近红外光谱分析系统中有利于光谱分析应用的研究和推广，给予近红外光谱技术支持。

　　AHCTS – PLS 在不同建模样品的情况下可以发挥很好的效果。比较近红外光谱预测值与化学参考值，可以发现 AHCTS – PLS 能够有效地应用于鱼粉蛋白质含量的预测。结果显示，在与 KS 或 SPXY 的比较中，采用 AHCTS 算法为 PLS 划分定标集和验证集的建模数据是一个有利的选择，有望被利用到近红外光谱技术的在线检测分析过程。

结　语

一、内容总结

本书主要介绍了多种适用于农业信息化快速检测的近红外光谱定量分析方法。近红外光谱定量分析能够实现快速准确地检测，其关键一环是分析模型的建立和优化。光谱计量分析方法的持续研究促进了近红外光谱技术在不同领域的应用。本书主要是从近红外光谱分析过程的不同环节、不同角度针对农业水土资源样本进行研究，针对若干农业生产物进行分析，给出了相应有效的光谱定量分析方法。这些方法总结如下。

（1）在样本集划分环节，本书介绍了常用的随机划分、KS 划分和 SPXY 划分方法，还创新性地提出了最大相关方法和禁忌搜索方法，引入多层次迭代的手段进行样本集划分的改进。

（2）在数据预处理环节，总结归纳了 MSC、SNV、微分等非参数方法，针对 SG 平滑、Whittaker 平滑、OPLEC 等多参数优化方法设计了超参数寻优模式，使这些方法能够更好地适应现代农业自动化的分析流程。

（3）在光谱特征识别环节，将现有方法归纳为连续波段选择、离散波长选择两大模块，并为每一种方法融合了网格搜索模式，设计成为可以面向数据流驱动调试的算法参数大范围筛选模式，并引入 GA、DE、GWO、FA 等启发式进化算法，为光谱特征筛选提供了迭代优化方案。

（4）在定量建模分析环节，由于农业近红外光谱检测的数据多数是同时包含多种成分的复杂数据，因此线性模型的直接应用不能有效地改善定标模型的预测性能。第二章介绍了经典的 MLR、PCA 和 PLS 方法的基本理论和操作步骤，并且分析了 MLR 方法不能直接用于光谱计量分析的原因，进而介绍了 SVM、ANN、DT 等若干非线性分析方法，并在第三、第四章的应用案例中提出了对线性分析方法的加核非线性变换模式。

相关的近红外光谱定量分析方法分别应用于农业土壤、农业水污染和柚子、草莓、玉米等农产品品质检测，融合现代智能分析技术，通过实际检测数据的建模操作，验证了多种分析方法的可行性和有效性。这些方法的提出和运用将为现代化农业信息化快速检测和基于物联网框架下的多布点分布式智能分析提供可靠的技术支持。

二、技术展望

近红外光谱定量分析已经成为农业生产过程质量监控中不可或缺的一种重要分析手段，其技术优越性体现在以下三方面。

（1）检测过程方便快速。由于近红外光谱波段的光吸收信息涵盖了分析跃迁的组合频、一倍频和二倍频区域，对于大多数类型的分子层面的分析，不需要做任何化学处理，便可直接检测。检测过程不使用化学试剂、不破坏样本、不产生环境污染的残留物。对于液体物质的检测，使用透射的测量方式，通常选用 2 ~ 5 mm 范围光程的比色皿进行装样，装样过程操作简单，不仅降低了对光程精度的要求，常规检测中也不需要对光程进行校准，而且痕量物质对测量结果的干扰不明显；对于固体物质的检测，采用漫反射的测量方式，所使用的样本池可以达到 3 ~ 5 cm 的直径和 1 ~ 2 cm 的厚度，可以直接对样本进行分析，不需要烦琐的化学预处理过程，但为了获得更准确的预测结果，有时需要进行简单的物理制样，如粉碎、研磨、过筛等。

（2）硬件投入成本低，适用于在线实时分析。近红外光的波长比紫外光长、比中红外光短，因此近红外光谱仪器内部只需要组件光源、分光器、探测器等几个关键部件，样本池的光学材料可以是常见的石英或玻璃，仪器成本较低。还可以通过建模分析提取光谱特征波长点，设计只包括少数信息波长滤光的专用便携式分析仪器，可以完成多节点移动式现场检测。

（3）分析过程简单，便于多节点布局。当数据分析模型建立完成之后，只需要消耗 1 ~ 2 分钟的光谱采集时间，即可几乎同步地输出模型预测结果，而且一个谱线可以同时分析多个目标成分，分析结果可重复再现。结合离散型波长组合分析模型，可以设计 USB 型近红外光谱检测仪器，嵌入物联网框架下的各种小型仪器群，实现多布点联合分析，有利于数据整合并能有效保证数据安全。

当然，近红外光谱定量分析方法的发展也存在一些局限性。例如，由于近红外光谱信号弱、信息重叠，近红外的定量分析完全依赖于定标模型的建立和优化，模型往往是针对不同研究对象单独建立的，在建模训练过程中需要克服相当体量的计算复杂度。定标模型建立之后的泛化能力不强，不能实现一劳永逸。在实际应用中，面临需要预测的未知样本，其实际目标成分含量如果不落在模型训练范围以内，原有模型将得不到满意的预测结果，需要对模型进行调整并重新训练。从这个角度而言，近红外光谱定量分析技术更适用于对农业培育流程的质量监控，而不适用于非常规的泛化分析。目前也有许多研究团队正在讨论近红外分析模型的合理转移效用，其难点是如何将建立的模型进行普适性的预测范围的泛化扩充，同时涉及模型转移之后的应用稳定性问题，这仍是一项非常艰巨的工作。

参考文献

一、英文文献

[1] AFANDI S D, HERDIYENI Y, PRASETYO L B, et al. Nitrogencontent estimation of rice crop based on near infrared (NIR) reflectance using artificial neural network (ANN)[C]. 2nd International Symposium on LAPAN – IPB Satellite (LISAT) for Food Security and Environmental Monitoring (LISAT – FSEM), Bogor, 2015 – 11 – 17.

[2] ALLOUCHE Y, LÓPEZ E F, MAZA G B, et al. Near infrared spectroscopy and artificial neural network to characterise olive fruit and oil online for process optimization [J]. Journal of near infrared spectroscopy, 2015, 23 (2): 111 – 121.

[3] ANDRIES J, HEYDEN Y V, BUYDENS L. Predictive – property – ranked variable reduction with final complexity adapted models in partial least squares modeling for multiple responses [J]. Analytical chemistry, 2013, 85 (11): 5444 – 5453.

[4] ANDRECUT M. Randomized kernel methods for least – squares support vector machines [J]. International journal of modern physics C, 2017, 28 (2): 1750015.

[5] ANGELOPOULOU T, DIMITRAKOS A, TERZOPOULOU E, et al. Reflectance spectroscopy (Vis – NIR) for assessing soil heavy metals concentrations determined by two different analytical protocols, based on ISO 11466 and ISO 14869 – 1 [J]. Water, air & soil pollution, 2017, 228 (11): 436.

[6] ANTIPOV G, BACCOUCHE M, BERRANI S A, et al. Effective training of convolutional neural networks for face-based gender and age prediction [J]. Pattern recognition, 2017, 72: 15 – 26.

[7] ARENDSE E, FAWOLE O A, MAGWAZA L S, et al. Non-destructive prediction of internal and external quality attributes of fruit with thick rind: a review [J]. Journal of food engineering, 2018, 217: 11 – 23.

[8] ARSLAN M, ZOU X B, TAHIR H E, et al. Total polyphenol quantitation using integrated NIR and MIR spectroscopy: a case study of Chinese dates (Ziziphus jujuba)[J]. Phytochemical analysis, 2019, 30 (3): 357 – 363.

[9] ARYA R, SINGH P. Fuzzy parametric iterative method for multi-objective linear fractional optimization problems [J]. Journal of intelligent & fuzzy systems, 2017, 32 (1): 421 – 433.

[10] AZODANLOU R, DARBELLAY C, LUISIER J – L, et al. Quality assessment of strawberries (Fragaria species) [J]. Journal of agricultural and food chemistry, 2013, 51:

715 – 721.

［11］ BAE J – S, OH S – K, PEDRYCZ W, et al. Design of fuzzy radial basis function neural network classifier based on information data preprocessing for recycling black plastic wastes: comparative studies of ATR FT – IR and Raman spectroscopy ［J］. Applied intelligence, 2019, 49: 929 – 949.

［12］ BELOUSOV A I, VERZAKOV S A, VON FRESE J. Applicational aspects of support vector machines ［J］. Journal of chemometrics, 2002, 16: 482 – 489.

［13］ BENDOR E, BANIN A. Visible and near – infrared (0. 4 – 1. 1 μm) analysis of arid and semiarid soils ［J］. Remote sensing of environment, 1994, 48 (3): 261 – 274.

［14］ BIRTH G S, NORRIS K H. An instrument using light transmittance for nondestructive measurement of fruit maturity ［J］. Food technology, 1958, 12 (11): 592 – 599.

［15］ BURNS D A, CIURCZAK E W. Handbook of near-infrared analysis third edition ［M］. Boca Raton: CRC Press, 2008.

［16］ CHEN Z P, MORRIS J, MARTIN E. Extracting chemical information from spectral data with multiplicative light scattering effects by optical path-length estimation and correction ［J］. Analytical chemistry, 2006, 78: 7674 – 7681.

［17］ CHEN H, PAN T, CHEN J, et al. Waveband selection for NIR spectroscopy analysis of soil organic matter based on SG smoothing and MWPLS methods ［J］. Chemometrics and intelligent laboratory systems, 2011, 107 (1): 139 – 146.

［18］ CHEN H, TANG G, SONG Q, et al. Combination of modified optical path length estimation and correction and moving window partial least squares to waveband selection for the Fourier transform near-infrared determination of pectin in shaddock peel ［J］. Analytical letters, 2013a, 46 (13): 2060 – 2074.

［19］ CHEN H, SONG Q, TANG G, et al. The combined optimization of savitzky – golay smoothing and multiplicative scatter correction for FT – NIR PLS models ［J］. International scholarly research notices, 2013b: 642190.

［20］ CHEN H – Z, SONG Q – Q, TANG G – Q, et al. An optimization strategy for waveband selection in FT – NIR quantitative analysis of corn protein ［J］. Journal of cereal science, 2014a, 60: 595 – 601.

［21］ CHEN H, AI W, FENG Q, et al. FT – NIR spectroscopy and Whittaker smoother applied to joint analysis of duel – components for corn ［J］. Spectrochimica acta part A: molecular and biomolecular spectroscopy, 2014c, 118: 752 – 759.

［22］ CHEN J, PAN T, LIU G, et al. Selection of stable equivalent wavebands for near-infrared spectroscopic analysis of total nitrogen in soil ［J］. Journal of innovative optical health sciences, 2014b, 7 (4): 1350071.

［23］ CHEN H – Z, SHI K, CAI K, et al. Investigation of sample partitioning in quantitative near – infrared analysis of soil organic carbon based on parametric LS – SVR modeling ［J］. RSC advances, 2015, 5: 80612 – 80619.

［24］ CHEN H, XU L, TANG G, et al. Rapid detection of surface color of shatian pomelo u-
sing Vis – NIR spectrometry for the identification of maturity ［J］. Food analytical meth-
ods, 2016, 9 (1): 192 – 201.

［25］ CHEN H, LIU Z, GU J, et al. Quantitative analysis of soil nutrition based on FT – NIR
spectroscopy integrated with BP neural deep learning ［J］. Analytical methods, 2018a,
10 (41): 5004 – 5013.

［26］ CHEN H, XU L, JIA Z, et al. Determination of parameter uncertainty for quantitative a-
nalysis of shaddock peel pectin using linear and nonlinear near – infrared spectroscopic
models ［J］. Analytical letters, 2018b, 51 (10): 1564 – 1577.

［27］ CHEN H, LIU Z, CAI K, et al. Grid search parametric optimization for FT – NIR quanti-
tative analysis of solid soluble content in strawberry samples ［J］. Vibrational spectroscopy,
2018c, 94: 7 – 15.

［28］ CHEN H, QIAO H, XU L, et al. A fuzzy optimization strategy for the implementation of
RBF LSSVR model in VIS – NIR analysis of pomelo maturity ［J］. IEEE transactions on in-
dustrial informatics, 2019, 15 (11): 5971 – 5979.

［29］ CHEN H, XU L, AI W, et al. Kernel functions embedded in support vector machine learn-
ing models for rapid water pollution assessment via near – infrared spectroscopy ［J］. Science
of the total environment, 2020a, 714: 136765.

［30］ CHEN H, CHEN A, XU L, et al. A deep learning CNN architecture applied in smart
near – infrared analysis of water pollution for agricultural irrigation resources ［J］. Agricultural
water management, 2020b, 240: 106303.

［31］ CHEN W, CHEN H, FENG Q, et al. A hybrid optimization method for sample partitio-
ning in near – infrared analysis ［J］. Spectrochimica acta part A: molecular and biomo-
lecular spectroscopy, 2021a, 248: 119 – 182.

［32］ CHEN H, LIN B, CAI K, et al. Quantitative analysis of organic acids in pomelo fruit u-
sing FT – NIR spectroscopy coupled with network kernel PLS regression ［J］. Infrared
physics and technology, 2021b, 112: 103 – 582.

［33］ CORTES C, VAPNIK V. Support – vector networks ［J］. Machine learning, 1995, 20
(3): 273 – 297.

［34］ DASZYKOWSKI M, WALCZAK B, MASSART D L. Representative subset selection
［J］. Analytica chimica acta, 2002, 468 (1): 91 – 103.

［35］ DENG L, YU D. Deep learning: methods and applications ［J］. Foundations and trends
in signal processing, 2013, 7 (3 – 4): 1 – 387.

［36］ DU Y P, LIANG Y Z, JIANG J H, et al. Spectral regions selection to improve prediction
ability of PLS models by changeable size moving window partial least squares and search-
ing combination moving window partial least squares ［J］. Analytica chimica acta, 2004,
501: 183 – 191

［37］ EILERS P H C. A perfect smoother ［J］. Analytical chemistry, 2003, 75 (14): 3631 – 3636.

［38］ FARZAD A, MASHAYEKHI H, HASSANPOUR H. A comparative performance analysis of different activation functions in LSTM networks for classification ［J］. Neural computing and applications, 2019, 31: 2507 − 2521.

［39］ FASEL B. An introduction to bio − inspired artificial neural network architectures ［J］. Acta neurologica belgica, 2003, 103 （1）: 6 − 12.

［40］ FEARN T, RICCIOLI C, GARRIDO − VARO A, et al. On the geometry of SNV and MSC ［J］. Chemometrics and intelligent laboratory systems, 2009, 96 （1）: 22 − 26.

［41］ FEUDALE R N, WOODY N A, TAN H, et al. Transfer of multivariate calibration models: A review ［J］. Chemometrics and intelligent laboratory systems, 2002, 64: 181 − 192.

［42］ FUENTES S, HERNÁNDEZ − MONTES E, ESCALONA J M, et al. Automated grapevine cultivar classification based on machine learning using leaf morpho − colorimetry, fractal dimension and near − infrared spectroscopy parameters ［J］. Computers and electronics in agriculture, 2018, 151: 311 − 318.

［43］ GALLAGHER N, GASSMAN P, BLAKE T. Detection of low volatility organic analytes on soils using infrared reflection spectroscopy ［J］. Journal of near infrared spectroscopy, 2008, 16 （1）: 179 − 187.

［44］ GALVÃO R K H, ARAUJO M C U, JOSÉ G E, et al. A method for calibration and validation subset partitioning ［J］. Talanta, 2005, 67 （4）: 736 − 740.

［45］ GIULIANO L J. Balancing priorities: the role of industry in water resource management ［J］. Water science and technology, 2003, 47 （6）: XXI − XXV.

［46］ GLOVER F. Tabu Search − Part II ［J］. Informs journal on computing, 1990, 2: 4 − 32.

［47］ HEISE H M. Handbook of vibrational spectroscopy ［M］. John Wiley & Sons. Inc. , New York, 2002.

［48］ HUANG X, MAIER A, HORNEGGER J, et al. Indefinite kernels in least squares support vector machines and principal component analysis ［J］. Applied and computational harmonic analysis, 2017, 43: 162 − 172.

［49］ HUK M. Backpropagation generalized delta rule for the selective attention Sigma − if artificial neural network ［J］. International journal of applied mathematics and computer science, 2012, 22 （2）: 449 − 459.

［50］ KAVDIR I, BUYUKCAN M B, LU R, et al. Prediction of olive quality using FT − NIR spectroscopy in reflectance and transmittance modes ［J］. Biosystems engineering, 2009, 103: 304 − 312.

［51］ KAWAMURA K, TSUJIMOTO Y, NISHIGAKI T, et al. Remote sensing laboratory visible and near − infrared spectroscopy with genetic algorithm − based partial least squares regression for assessing the soil phosphorus content of upland and lowland rice fields in madagascar ［J］. Remote sensing, 2019, 11 （5）: 1 − 18.

［52］ KAY S M. Fundamentals of statistical signal processing ［M］. PTR Prentice − Hall, Englewood Cliffs, NJ, 1993.

[53] KELLY J J, CALLIS J B. Nondestructive analytical procedure for simultaneous estimation of the major classes of hydrocarbon constituents of finished gasolines [J]. Analytical chemistry, 1990, 62 (14): 1444 – 1451.

[54] KENNARD R W, STONE L A. Computer aided design of experiments [J]. Technometrics, 1969, 11 (1): 137 – 148.

[55] KILLNER M H M, ROHWEDDER J J R, PASQUINI C. A PLS regression model using NIR spectroscopy for on – line monitoring of the biodiesel production reaction [J]. Fuel, 2011, 90 (11): 3268 – 3273.

[56] KIM K, LEE J M, LEE I B. A novel multivariate regression approach based on kernel partial least squares with orthogonal signal correction [J]. Chemometrics and intelligent laboratory systems, 2005, 79: 22 – 30.

[57] KRAMER K E, MORRIS R E, ROSE – PEHRSSON S L, et al. Statistical significance testing as a guide to partial least – squares (PLS) modeling of nonideal data sets for fuel property predictions [J]. Energy and fuels, 2008, 22: 523 – 534.

[58] KRIZHEVSKY A, SUTSKEVER I, HINTON G E. ImageNet classification with deep convolutional neural networks [J]. Communications of the ACM, 2017, 60 (6): 84 – 90.

[59] KUDRYASHOV N A. Logistic function as solution of many nonlinear differential equations [J]. Applied mathematical modelling, 2015, 39 (18): 5733 – 5742.

[60] LABUSCHAGNE J, AGENBAG G A. The effect of low soil temperature and fertiliser N rate on perennial ryegrass (Lolium perenne) and white clover (Trifolium repens) grown under controlled conditions [J]. South African journal of plant and soil, 2008, 25 (3): 152 – 160.

[61] LECUN Y, BENGIO Y, HINTON G. Deep learning [J]. Nature, 2015, 521: 436 – 444.

[62] LI H, LIANG Y, XU Q, et al. Key wavelengths screening using competitive adaptive re-weighted sampling method for multivariate calibration [J]. Analytica chimica acta, 2009, 648 (1): 77 – 84.

[63] LIU Z, LIU B, PAN T, et al. Determination of amino acid nitrogen in tuber mustard u-sing near-infrared spectroscopy with waveband selection stability [J]. Spectrochimica acta part A: molecular and biomolecular spectroscopy, 2013, 102: 269 – 274.

[64] LUAN L, JI G. The study on decision tree classification techniques [J]. Computer engi-neering, 2004, 30 (9): 94 – 96.

[65] MA Y, TIE Z, ZHOU M, et al. Accurate determination of low-level chemical oxygen de-mand using a multistep chemical oxidation digestion process for treating drinking water samples [J]. Analytical methods, 2016, 8 (18): 3839 – 3846. .

[66] MARTIN K A. Recent advances in near-infrared reflectance spectroscopy [J]. Applied spectroscopy reviews, 1992, 27 (4): 325 – 383.

[67] MIRJALILI S, MIRJALILI S M, LEWIS A. Grey wolf optimizer [J]. Advances in engineering software, 2014, 69: 46 – 61.

[68] NANDI A K, DAVIM J P. A study of drilling performances with minimum quantity of lubricant using fuzzy logic rules [J]. Mechatronics, 2009, 19 (2): 218 – 232.

[69] NORRIS K H, HART J R. Direct spectrophotometric determination of moisture content of grains and seeds [C]. International symposium on humidity and moisture in liquids and solids, Washington, 1963 – 05 – 20.

[70] NORRIS K H. Exacting information from spectrophotometric curves [M]. In: MARTEN H, RUSSWURM H, eds. Food research and data analysis. London: Applied Science Publisher, 1983.

[71] NORRIS K H, RITCHIE G E. Assuring specificity for a multivariate near – infrared (NIR) calibration: the example of the chambersburg shoot – out 2002 data set [J]. Journal of pharmaceutical and biomedical analysis, 2008, 48: 1037 – 1041.

[72] NOVOTNY V, HILL K. Diffuse pollution abatement – a key component in the integrated effort towards sustainable urban basins [J]. Water science and technology, 2007, 56 (1): 1 – 9.

[73] OLIVIERI A C, FABER N K M, FERRE J, et al. Uncertainty estimation and figures of merit for multivariate calibration [J]. Pure and applied chemistry, 2006, 78 (3): 633 – 661.

[74] PADARIAN, J, MINASNY B, MCBRATNEY A B. Using deep learning to predict soil properties from regional spectral data [J]. Geoderma regional, 2019, 16: e00198.

[75] PAN T, LIU J M, CHEN J M, et al. Rapid determination of preliminary thalassaemia screening indicators based on near-infrared spectroscopy with wavelength selection stability [J]. Analytical methods, 2013, 5 (17): 4355 – 4362.

[76] PASZTOR I, THURY P, PULAI J. Chemical oxygen demand fractions of municipal wastewater for modeling of wastewater treatment [J]. International journal of environmental science and technology, 2009, 6 (1): 51 – 56.

[77] PERFILIEVA I. Fuzzy transforms: theory and applications [J]. Fuzzy sets & systems, 2006, 157 (8): 993 – 1023.

[78] PRICE K V, STORN R M, LAMPINEN J A. Differential evolution: a practical approach to global optimization [M]. Berlin: Springer, 2005.

[79] PUDEŁKO A, CHODAK M. Estimation of total nitrogen and organic carbon contents in mine soils with NIR reflectance spectroscopy and various chemometric methods [J]. Geoderma, 2020, 368: 114306.

[80] RAJER – KANDUC K, ZUPAN J, MAJCEN N. Separation of data on the training and test set for modelling: a case study for modelling of five colour properties of a white pigment [J]. Chemometrics and intelligent laboratory systems, 2003, 65 (2): 221 – 229.

[81] REEVES J B, BLOSSER T H, COLENBRANDER V F. Near infrared reflectance spec-

troscopy for analyzing undried silage [J]. Journal of dairy science, 1989, 72 (1): 79 - 88.

[82] RINNAN A, BERG F, ENGELSEN S B. Review of the most common pre-processing techniques for near-infrared spectra [J]. Trac trends in analytical chemistry, 2009, 28 (10): 1201 - 1222.

[83] ROEBELING P C, CUNHA M C, ARROJA L, et al. Abatement vs. treatment for efficient diffuse source water pollution management in terrestrial-marine systems [J]. Water science and technology, 2015, 72 (5): 730 - 737.

[84] RUSSAKOVSKY O, DENG J, SU H, et al. ImageNet large scale visual recognition challenge [J]. International journal of computer vision, 2015, 115 (3): 211 - 252.

[85] SAVITZKY A, GOLAY M J E. Smoothing and differentiation of data by simplified least squares procedures [J]. Analytical chemistry, 1964, 36 (8): 1627 - 1637.

[86] SCEPANOVIC O R, BECHTEL K L, HAKA A S, et al. Determination of uncertainty in parameters extracted from single spectroscopic measurements [J]. Journal of biomedical optics, 2007, 12 (6): 064012.

[87] SOROL N, ARANCIBIA E, BORTOLATO S A, et al. Visible/near infrared - partial least - squares analysis of Brix in sugar cane juice A test field for variable selection methods [J]. Chemometrics and intelligent laboratory systems, 2010, 102 (2): 100 - 109.

[88] ST LUCE M, ZIADI N, ZEBARTH B J, et al. Rapid determination of soil organic matter quality indicators using visible near infrared reflectance spectroscopy [J]. Geoderma, 2014, 232: 449 - 458.

[89] STARK E, LUCHTER K, MARGOSHES M. Near - infrared analysis (NIRA): a technology for quantitative and qualitative analysis [J]. Applied spectroscopy reviews, 1986, 22 (4): 335 - 399.

[90] SUYKENS J A K, VANDEWALLE J. Least squares support vector machine classifiers [J]. Neural processing letters, 1999, 9: 293 - 300.

[91] TIAN H, ZHANG L, LI M, et al. Weighted SPXY method for calibration set selection for composition analysis based on near - infrared spectroscopy [J]. Infrared physics & technology, 2018a, 95: 88 - 92.

[92] TIAN Z, LI S, WANG Y, et al. Mixed - kernel least square support vector machine predictive control based on improved free search algorithm for nonlinear systems [J]. Transactions of the institute of measurement and control, 2018b, 40 (16): 4382 - 4396.

[93] TOMINAGA Y. Representative subset selection using genetic algorithms [J]. Chemometrics and intelligent laboratory systems, 1998, 43 (1 - 2): 157 - 163.

[94] UWADAIRA Y, SHIMOTORI A, IKEHATA A, et al. Logistic regression analysis for identifying the factors affecting development of non - invasive blood glucose calibration model by near-infrared spectroscopy [J]. Chemometrics and intelligent laboratory systems, 2015, 148: 128 - 133.

[95] VIRTO I, GARTZIA – BENGOETXEA N, FERNANDEZ – UGALDE O. Role of organic matter and carbonates in soil aggregation estimated using laser diffractometry [J]. Pedosphere, 2011, 21 (5): 566 – 572.

[96] WANG Q, LI H D, XU Q S, et al. Noise incorporated subwindow permutation analysis for informative gene selection using support vector machines [J]. Analyst, 2011, 136 (7): 1456 – 1463.

[97] WHEELER O H. Near infrared spectra: a neglected field of spectral study [J]. Journal of chemical education, 1960, 37 (5): 234 – 236.

[98] WILLIAMS P C, PRESTON K P, NORRIS K H, et al. Determination of amino acids in wheat and barley by near-infrared reflectance spectroscopy [J]. Journal of food science, 1984, 49 (1): 17 – 20.

[99] WILSON J M. A genetic algorithm for the generalised assignment problem [J]. Journal of the operational research society, 1997, 48: 804 – 809.

[100] WOLD S, SJÖSTRÖM M, ERIKSSON L. PLS – regression: A basic tool of chemometrics [J]. Chemometrics and intelligent laboratory systems, 2001, 58: 109 – 130.

[101] WU Y – C, FENG J – W. Development and application of artificial neural network [J]. Wireless personal communications, 2018a, 102: 1645 – 1656.

[102] XU L, SCHECHTER I. Wavelength selection for simultaneous spectroscopic analysis. Experimental and theoretical study [J]. Analytical chemistry, 1996, 68 (14): 2392 – 2400.

[103] YANG X – S. Nature – Inspired metaheuristic algorithm (2nd ed) [M]. England: Luniver Press, 2008.

[104] YANG X – S, DEB S. Multiobjective cuckoo search for design optimization [J]. Computers & operations research, 2013, 40: 1616 – 1624.

[105] YANG Z, XIAO H, ZHANG, L, et al. Fast determination of oxide content in cement raw meal using NIR spectroscopy with the SPXY algorithm [J]. Analytical methods, 2019, 11 (31): 3936 – 3942.

[106] YUN Y H, LIANG Y Z, XIE G X, et al. A perspective demonstration on the importance of variable selection in inverse calibration for complex analytical systems [J]. Analyst, 2013, 138 (21): 6412.

[107] ZHANG Y, CHEN H, CHEN W, et al. Near infrared feature waveband selection for fishmeal quality assessment by frequency adaptive binary differential evolution[J]. Chemometrics and intelligent laboratory systems, 2021, 217: 104 – 393.

[108] ZEAITER M, ROGER J M, BELLON – MAUREL V. Robustness of models developed by multivariate calibration. Part Ⅱ: The influence of pre-processing methods [J]. Trac – Trends in analytical chemistry, 2005, 24 (5): 437 – 445.

[109] ZHOU L, ZHANG C, LIU F, et al. Application of deep learning in food: A review [J]. Comprehensive reviews in food science and food safety, 2019, 18 (6):

1793 – 1811.

［110］ ZORARPACI E，OZEL S A. A hybrid approach of differential evolution and artificial bee colony for feature selection ［J］. Expert systems with application，2016，62（15）：91 – 103.

［111］ ZOU X，ZHAO J，POVEY M J W，et al. Variables selection methods in near-infrared spectroscopy ［J］. Analytica chimica acta，2010，667：14 – 32.

二、中文文献

［1］ 陈华舟. 光谱分析的化学计量学研究及其在土壤近红外分析中的应用 ［D］. 上海：上海大学，2011.

［2］ 陈华舟. 一种光谱分析中样品集划分的化学计量学方法 ［P］. 中国，发明专利，ZL201210375066. X，2014 – 07 – 31.

［3］ 陈华舟，陈福，许丽莉，等. 基于网格搜索的参数优化方法用于鱼粉灰分的近红外 LSSVM 定量分析 ［J］. 分析科学学报，2016，32（2）：198 – 202.

［4］ 陈华舟，陈伟豪，莫丽娜，等. 基于禁忌搜索的近红外光谱建模样本集划分优化方法 ［J］. 光谱学与光谱分析，2020（A1）：49 – 50.

［5］ 陈华舟，石凯，贾贞. 一种基于指标极值的光谱特征变量快速匹配方法 ［P］. 中国，发明专利，ZL201710489763. 0，2019 – 10 – 11.

［6］ 陈伟豪. 光谱定量分析的神经网络自适应优化方法研究 ［D］. 桂林：桂林理工大学，2021.

［7］ 段焰青，曾晓鹰，朱保昆，等. 应用近红外光谱分析技术无损鉴别卷烟真伪的方法 ［P］. 中国，发明专利，ZL200810058463. 8，2010 – 06 – 02.

［8］ 国发〔2021〕4 号，国务院关于加快建立健全绿色低碳循环发展经济体系的指导意见 ［Z］. 2021 年 2 月.

［9］ 洪明坚，温志渝，张小洪，等. 一种基于流形学习的近红外光谱分析建模方法 ［J］. 光谱学与光谱分析，2009，29（7）：1793 – 1796.

［10］ 胡昌勤，冯艳春，尹利辉. 利用近红外光谱分析方法识别药物的方法与装置［P］. 中国，发明专利，ZL200610067184. 9，2006 – 10 – 18.

［11］ 黄晓玮，邹小波，赵杰文，等. 近红外光谱结合蚁群算法检测花茶花青素含量 ［J］. 江苏大学学报，2014，35（2）：165 – 188.

［12］ 金钦汉. 从 2000 年匹兹堡会议看分析化学和分析仪器发展的一些新动向 ［J］. 现代科学仪器，2000（3）：14 – 16.

［13］ 金同铭. 非破坏评价西红柿的营养成分—Ⅰ. 蔗糖、葡萄糖、果糖的近红外分析 ［J］. 仪器仪表与分析监测，1997a（2）：32 – 36.

［14］ 金同铭. 非破坏性评价西红柿的营养成分—Ⅱ. 柠檬酸、苹果酸、琥珀酸、抗坏血酸的近红外分析 ［J］. 仪器仪表与分析监测，1997b（3）：49 – 54.

［15］ 李军会，赵龙莲，张录达，等. 农业近红外分析技术软件及网络系统的研制 ［J］. 现代仪器，2000（6）：11 – 13.

[16] 梁嘉如，陈华舟，秦强．FT－NIR 光谱法与 Whittaker 平滑应用于土壤有机质和总氮的定量检测 [J].分析试验室，2013，32 (9)：11－15.

[17] 刘国林，陈国广，相秉仁．近红外光谱技术在元胡止痛散定量分析中的初步应用研究 [J].中国现代应用药学杂志，2000，17 (5)：383－385.

[18] 芦永军，曲艳玲，宋敏．近红外相关光谱的多元散射校正处理研究 [J].光谱学与光谱分析，2007，27 (5)：877－880.

[19] 陆婉珍．现代近红外光谱分析技术 [M].2 版.北京：中国石化出版社，2007.

[20] 彭玉魁，李菊英，祁振秀．近红外光谱分析技术在小麦营养成份鉴定上的应用 [J].麦类作物学报，1997，17 (2)：33－35.

[21] 彭玉魁，张建新，何绪生，等．土壤水分、有机质和总氮含量的近红外光谱分析研究 [J].土壤学报，1998，35 (4)：553－559.

[22] 全国仪器分析测试标准化技术委员会，GB/T 37969－2019，近红外光谱定性分析通则 [S].北京：全国标准信息公共服务平台，2019.

[23] 王惠文，吴载斌，孟洁．偏最小二乘回归的线性与非线性方法 [M].北京：国防工业出版社，2006.

[24] 王儒敬，陈天娇，汪玉冰，等．基于深度稀疏学习的土壤近红外光谱分析预测模型 [J].发光学报，2017，38 (1)：109－116.

[25] 王文真，蒋士强，林夕．近红外光谱分析仪及其在我国的应用 [J].国外科学仪器，1989 (3)：1－9.

[26] 吴明赞，曹杰，梁勇．近红外农作物生长信息实时监测及其灾害预测无线系统 [P].中国，发明专利，ZL201210379724.2，2014－04－16.

[27] 吴秀琴．应用 51A 型 NIRS 测定小麦种子中赖氨酸的含量 [J].农业测试分析，1985，2 (1)：40－41.

[28] 肖松山，范世福，李昀，等．光谱成像技术进展 [J].现代仪器，2003 (5)：5－8.

[29] 严国光，严衍禄．仪器分析原理及其在农业中的应用 [M].北京：科学出版社，1982.

[30] 严衍禄．近红外光谱分析基础与应用 [M].北京：中国轻工业出版社，2005.

[31] 杨树筠．用重铬酸钾氧化法简便快速测定土壤有机质含量 [J].现代农业，1997 (4)：23.

[32] 于飞健，闵顺耕，巨晓棠，等．近红外光谱法分析土壤中的有机质和氮素 [J].分析实验室，2002，21 (3)：49－51.

[33] 于秀林．多元统计分析及程序 [M].北京：中国统计出版社，1993.

[34] 袁洪福，龙义成，徐广通，等．近红外光谱仪的研制 [J].分析化学，1999，27 (5)：608－614.

[35] 袁洪福，陆婉珍．现代光谱分析中常用的化学计量学方法 [J].现代科学仪器，1998 (5)：6－9.

[36] 詹雪艳，赵娜，林兆洲，等．校正集选择方法对于积雪草总苷中积雪草苷 NIR 定

量模型的影响［J］. 光谱学与光谱分析，2014，34（12）：3267－3272.

［37］张进，胡芸，周罗雄，等. 近红外光谱分析中的化学计量学算法研究新进展［J］. 分析测试学报，2020，39（10）：1196－1203.

［38］张晔晖，赵龙莲，李晓薇，等. 用傅里叶变换近红外光谱法测定完整油菜籽三种品质性状的初步研究［J］. 激光生物学报，1998，7（2）：138－141.

［39］赵龙莲，闵顺耕，严衍禄，等. 傅里叶变换的红外光谱法测定烟草中九种品质参数［C］. 全国第10届分子光谱学术报告会，呼和浩特，1998－08－01.

［40］赵玉新，杨新社，刘利强. 新兴元启发式优化方法［M］. 北京：科学出版社，2013.